"十四五"时期国家重点图书出版规划项目

图文中国古代科学技术史系列·少年版
丛书主编：戴念祖　白　欣

小孔成像开始的物理学

韦中燊　刘　静　娄可华◎著

河北出版传媒集团
河北科学技术出版社
·石家庄·

图书在版编目（CIP）数据

小孔成像开始的物理学／韦中燊，刘静，娄可华著.
-- 石家庄：河北科学技术出版社，2023.12
（图文中国古代科学技术史系列／戴念祖，白欣主编.少年版）
ISBN 978-7-5717-1360-7

Ⅰ.①小… Ⅱ.①韦… ②刘… ③娄… Ⅲ.①物理学
—青少年读物 Ⅳ.① O4-49

中国国家版本馆 CIP 数据核字 (2023) 第 034331 号

小孔成像开始的物理学
Xiaokong Chengxiang Kaishi De Wulixue
韦中燊　刘　静　娄可华／著

选题策划　赵锁学　胡占杰
责任编辑　张　健　胡占杰
责任校对　李蔚蔚
美术编辑　张　帆
封面设计　马玉敏
出版发行　河北出版传媒集团　　河北科学技术出版社
地　　址　石家庄市友谊北大街 330 号（邮编 050061）
印　　刷　文畅阁印刷有限公司
开　　本　710mm×1000mm　1/16
印　　张　11.5
字　　数　182 千字
版　　次　2023 年 12 月第 1 次印刷
印　　次　2023 年 12 月第 1 次印刷
书　　号　ISBN 978-7-5717-1360-7
定　　价　39.00 元

序

党的二十大报告明确提出"增强中华文明传播力影响力，坚守中华文化立场，讲好中国故事、传播好中国声音，展现可信、可爱、可敬的中国形象，推动中华文化更好走向世界"。

漫长的中国古代社会在发展过程中孕育了无数灿烂的科学、技术和文化成果，为人类发展做出了卓越贡献。中国古代科技发展史是世界文明史的重要组成部分，以其独一无二的相对连续性呈现出顽强的生命力，早已作为人类文化的精华蕴藏在浩瀚的典籍和各种工程技术之中。

中国古代在天文历法、数学、物理、化学、农学、医药、地理、建筑、水利、机械、纺织等众多科技领域取得了举世瞩目的成就。资料显示，16世纪以前世界上最重要的300项发明和发现中，中国占173项，远远超过同时代的欧洲。

中国古代科学技术之所以能长期领先世界，与中国古代历史密切相关。

中国古代时期的秦汉、隋唐、宋元等都是当时世界上最强盛的王朝，国家统一，疆域辽阔，综合国力居当时世界领先地位；长期以来统一的多民族国家使得各民族间经济文化交流持续不断，古代农业、手工业和商业的繁荣为科技文化的发展提供了必要条件；中国古代历朝历代均十分重视教育和人才的培养；中华民族勤劳、智慧和富于创新精神等，这些均为中国古代科学技术继承和发展创造了条件。

每一种文明都延续着一个国家和民族的精神血脉，既需要薪火相传、代代守护，更需要与时俱进、勇于创新。少年朋友正处于世界观、人生观、价值观形成的关键期，少年时期受到的启迪和教育，对一生都有着至关重要的影响。习近平总书记多次强调，要加强历史研究成果的传播，尤其提到，要教育引导广大干部群众特别是青少年认识中华文明起源和发展的历史脉络，认识中华文明取得的灿烂成就，认识中华文明对人类文明的重大贡献。

河北科学技术出版社多年来十分重视科技文化的建设，一直大力支持科技文化书籍的出版。这套"图文中国古代科学技术史·少年版"丛书以通俗易懂的语言、大量珍贵的图片为少年朋友介绍了我国古代灿烂的科技文化。通过这套丛书，少年朋友可以系统、深入地了解中国古代科学技术取得的伟大成就，增长科技知识，培养科学精神，传播科学思想，增强民族自信心和民族自豪感。这套丛书必将助力少年朋友成为能担重任的国家栋梁之材，更加坚定他们实现民族伟大复兴奋勇争先的决心。

戴念祖

2023 年 8 月

开卷有益！

只要你愿意翻开这本书，花一点时间读一读，收获一定是有的。对于物理学，很多人的内心之中似乎先天地都带有着几分畏惧和胆怯，似乎物理相关的东西都是十分不好懂的。然而，事实上物理学又与我们每一个人的生活是密切相关的。也就是说，我们每一个人的每一天都在享受着物理学带来的种种便利，但是，同时内心之中又以一种抵触的情绪对待着它。

现代社会之中，说每一个人的每一天的生活都离不开物理学，真的是一点都不夸张的。比如，没有了电，我们家里的所有电器就成了摆设。那么，冰箱里保存的食物也会很快腐败，衣服只能手洗，甚至，对于很多生活在高层楼房的人来说，上下楼就成了大麻烦。烧水做饭也成了问题。仅仅停个电，对我们的生活就已经影响如此巨大，其他的，也就不用再一一列举了。

物理学的发展，自然离不开传承。虽然，当代的物理学体系主要根源于西方的物理学发展体系。但不可否认的是，中国古代在物理学方面同样是有建树的。

中国古代的物理学知识，涉及力、热、声、光、电、磁等诸多方面，虽然没有形成严密的科学体系，但是内容还是非常丰富的。中国古代的物理学，有一个很明显的特点，那就是知识往往蕴含在生产和生活的实践之中，体现了实践层面的技术性。当然在技术性的基础上，自然也少不了理论性的思考与探索。

中国古代先民的生产和生活实践历史非常悠久。从数百万年前的石器时代，到数千年前开始的有文字记载的文明时代，大量的实践之中蕴含了极为丰富的物理学知识，虽然这些物理学知识还是比较朴素的、经验化的。因为没有形成严密的体系，中国古代的很多物理学知识散落于各种典籍之中。这些典籍，或者是博物的，或者是军事的，或者是农业的，甚至还有一些是文学的。

本书是一本科普读物。科普的目的，绝不仅仅是让人知道一些知识，知道一些事情，更多的还是让读者感悟知识和事情背后隐藏着的东西——科学的精神、科学的思想和科学的道德。如果，书中的某一句话、某一个故事、某一个人物，能够引发青少年的共鸣，点燃他们思想的火花，激发他们创造的热情，善莫大焉！

编　者

2023 年 6 月

目 录

一、中国古代物理学的萌芽 ……………………………………… 001

　　刀锋利处有压强　远古石器也锋芒 ……………………… 002

　　弯弓出箭破长空　弹力妙用显神通 ……………………… 004

　　钻木取火化腥臊　摩擦生热太奇妙 ……………………… 006

二、中国古代的力学成就 ………………………………………… 008

　　时空更无限　运动有相对 ………………………………… 008

　　甲骨古文形有神　解字精准论说文 ……………………… 013

　　谦受益时满招损　重心欹器惊圣人 ……………………… 015

　　问水为何能载舟　和尚高招捞铁牛 ……………………… 019

　　几颗莲子定比重　一根绣针乞智巧 ……………………… 023

渴乌隔山能取水　公道杯里有玄机 ·· 026

抽得陀螺抖空竹　被中香炉藏玄机 ·· 029

儿童散学归来早　忙趁东风放纸鸢 ·· 033

弹性材料何其多　弹性定律有人论 ·· 035

三、中国古代的声学成就 ··· 038

欲问声从何处起　鸣沙山里有玄机 ·· 038

身无彩凤双飞翼　心有灵犀一点通 ·· 042

附耳大瓮察敌情　地听却成神兽名 ·· 044

布衣王子朱载堉　一代乐圣传佳话 ·· 048

隔墙有耳不足患　建筑回音传佳话 ·· 053

双耳盆里鱼喷水　却把声波当水波 ·· 059

四、中国古代的光学成就 ··· 062

光过小孔如箭矢　成就倒像更神奇 ·· 063

以镜为鉴正衣冠　以人为鉴知得失 …………………… 068

镜镜组合影像多　镜能透光更神奇 …………………… 072

武帝哀思何所寄　以影为戏故事多 …………………… 077

海市蜃楼出奇景　七彩虹桥天边来 …………………… 082

小儿辩论难圣人　峨眉宝光名胜地 …………………… 087

五、中国古代的热学成就 ………………………………… 096

人工取火方法多　各有巧妙令人叹 …………………… 096

体感测温知大概　看懂火候是功夫 …………………… 100

灯中夹水可省油　瓶下叠底为保温 …………………… 105

空气受热变化多　孔明走马各成趣 …………………… 108

热胀冷缩立奇功　白露为霜识三态 …………………… 112

六、中国古代的电学、磁学成就 ………………………… 116

摩擦起电吸芥籽　阴阳二气生雷霆 …………………… 116

自古磁石多妙用　亦能吸铁亦指南 ⋯⋯⋯⋯⋯ 119

指南器具种类多　古人智慧真不少 ⋯⋯⋯⋯ 122

天外来客现奇景　雷火炼殿金顶上 ⋯⋯⋯⋯ 126

七、中国古代的测量工具和简单机械 ⋯⋯⋯⋯⋯⋯ 131

尺有所短　寸有所长 ⋯⋯⋯⋯⋯⋯⋯⋯⋯⋯ 131

铜壶滴漏巧计时 ⋯⋯⋯⋯⋯⋯⋯⋯⋯⋯⋯ 133

木楔能扶楼　斜面多省力 ⋯⋯⋯⋯⋯⋯⋯ 137

小小秤砣压千斤 ⋯⋯⋯⋯⋯⋯⋯⋯⋯⋯⋯ 139

水排与水击面罗 ⋯⋯⋯⋯⋯⋯⋯⋯⋯⋯⋯ 145

赋予了神话色彩的指南车 ⋯⋯⋯⋯⋯⋯⋯ 147

八、中国古代著名的科学家 ⋯⋯⋯⋯⋯⋯⋯⋯⋯ 150

平民哲学家——墨子 ⋯⋯⋯⋯⋯⋯⋯⋯⋯⋯ 150

唯物主义思想家王充与《论衡》 ⋯⋯⋯⋯⋯153

第一部军事百科全书的编著者——曾公亮 ·· 156

沈括与《梦溪笔谈》 ·· 159

创新人才朱载堉与十二平均律 ·· 162

宋应星与《天工开物》 ·· 164

方以智与《物理小识》 ·· 168

一、中国古代物理学的萌芽

人类的知识，起源于实践！为了生存，远古先民进行各种生产活动，经过长期的累积，对各种自然现象的认识越来越丰富，也越来越深入。知识，就这样一点点地被积累出来，先是口口相传，文字出现之后，用文字来记录的经验变得更加丰富，更加系统化。物理学的知识，如同其他各种知识一样，也就慢慢地形成了。

现代意义上的物理学这个名词，起源于希腊文，它的本意是"自然"。在古代的欧洲，物理学这个词曾经代表了整个自然科学。"物理"这个词，在古代中国有着更加广泛的含义，指的是万事万物的道理，可以囊括一切科学知识。不过，现代意义上的"物理学"一词出现在我国的历史有将近四百年，与明末清初的科学家写的一本叫作《物理小识》的书有关。当时，"物理"是"格物致理"这四个字的简称，意思就是考察事物的形态和变化，总结研究它们的规律。我国早期的物理学知识，主要记载在《天工开物》等典籍之中。

中国古代物理学从实践中发生和发展起来，大体上可以分为这样几个历史阶段：从距今 300 万年到 4600 年前的史前时期，从 4600 年前到西周时期的青铜时代，春秋战国的第一个高峰期，秦汉到隋唐的中国传统物理学形成时期，宋元明的第二个高峰期，清朝到民国的西学东渐时期。

从 20 世纪 20 年代开始，中国的物理学研究进入了近代时期，与世界物理学的发展接轨。

刀锋利处有压强　远古石器也锋芒

厨师用的菜刀、屠夫用的割肉刀、古代军士用的战刀，无论哪一种刀，都是刀背厚，刀刃薄。刀刃越薄，意味着接触面积越小，用力相同的情况下，对物体的压强就越大。这就是我们生活中应用到的物理学知识，司空见惯。我国先民对压强的应用，历史非常悠久。

斧头　　　　　　　　　　　　　　厨刀

人类发展的历史上，有一个阶段叫作石器时代。石器时代的历史跨度很长，从三百万年之前开始，一直持续到一万年前左右结束。石器时代，因为所使用的石器的不同特点，又被分为旧石器时代和新石器时代。旧石器时代的石器，主要靠打造得到，所以也叫打制石器，形象地说，就是用一块石头去砸另外一块石头，砸得合适了，就能够得到一件具有使用价值的石器。新石器时代的石器，主要靠磨制得到，所以也叫磨制石器，

有着"刀刃"的石器

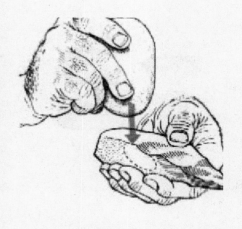

打制石器

通过磨制得到的石器自然就会比较精致。但是，无论是打制石器，还是磨制石器，涉及刮削、切割等用途的，都同样具有"刀刃"的部分。

这些石器上的"刀刃"部分，无疑正是压强最直接的实践应用。

1963 年，山西朔县峙峪村的旧石器时代晚期遗址中发现了一枚用燧石打造的"箭镞"。所谓的"箭镞"，就是"箭头"，对于它的要求，当然是顶端越尖锐越好。燧石打造的"箭镞"的发现，再次有力地证明了华夏先民们在实践之中已经非常有意识地应用了压强的知识。

打制石器的原始人

打制石器

打磨石器

弯弓出箭破长空　弹力妙用显神通

石质箭镞

大量的箭簇

燧石"箭镞"的发现，不仅证明了华夏先民在实践中对于压强知识的应用已经十分娴熟，同时，也说明了另外一个很重要的问题——弓在那个时候也已经出现了。

"箭镞"是箭支上不可缺少的部分，而箭支和弓又是密不可分的亲密伙伴，有箭必然有弓，不然怎么会叫作"弓箭"呢？史书记载，在距离现在大约 2.8 万年的时候，人类就已经开始使用弓箭，主要用途就是狩猎和保护自己的安全。遗址中的发现，与史书上的记载又是一致的。

当然，无论是遗址中"箭镞"的发现，还是史书中的记载，都只能说明一个问题，就是我国古代先民使用弓箭的时间绝对不会比这个晚，至于到底是什么时候开始的，那还需要做进一步的研究。

不论是先民们发明的最原始的弓，还是现代技术条件下制作出来的更加复杂的弓，弹力都是其重要的动力来源。弓箭出现在了先民们的生活之中，足以说明先民对弹力的认识已经非常到位，虽然理论上未必有多深，但是实践上绝对是值得称道的。

"弓生于弹"，这里说的"弹"，一般指的就是"弹弓"。弹弓，其实也是弹力应用的重要实物之一，出现的年代也很早，现代的考古发现了很多新石器时代的陶制弹丸，这些弹丸都是利用弹弓进行发射的。

原始人射猎图

钻木取火化腥臊　摩擦生热太奇妙

　　中国的神话传说之中有一位"燧人氏"，他的伟大功绩就是找到了人工获得火种的方法——钻木取火。钻木取火的方法，一定是有的，它应该是我国古代先民在无数的实践之中获得的宝贵经验。

　　《韩非子·五蠹》中说："有圣人作，钻燧取火以化腥臊，而民说之，使王天下，号之曰燧人氏。"从典籍的记载上可以看得出来我国古人对于钻木取火方式的使用历史的确是非常久远的。近些年来，随着考古发现，大量古老的取火工具的出土，也为我国古代钻木取火的真实性提供了有力的证明。钻木取火的原理其实十分简单，就是摩擦生热，温高起火。

一些钻木取火的方法

　　火的使用对人类发展的意义非常重大。人工取火的方法则使人类使用火变得更为便利。

钻木取火是古人常用的一种取火方式，开始的时候，是用双手抱着充当钻具的木头，双手来回地搓，后来，人们又发明出专门的钻具，把弓弦缠绕在钻杆上，将往复运动转换成回转运动，利用钻具与木板之间的摩擦生热，成功地产生了火。人工取火的实现，标志着人类已经"在实践上发现机械运动可以转化为热"，"第一次使人类支配了一种自然力，从而最终把人和动物分开"。

二、中国古代的力学成就

　　人类的活动，尤其是农业和手工业的发展，为物理学中力学的发展提供了足够的事实基础，各种原始动力的利用和简单机械的应用，使得力学在实践之中萌芽和发展起来。

　　中国古代的力学涉及的内容十分广泛，包括了时间、空间、运动、力的基本概念，以及静力平衡、杠杆原理、摩擦、振动等现象的研究、观察与记述，甚至在材料、流体和弹性的研究与应用方面都积累了很多的经验。

时空更无限　运动有相对

　　时间是什么？空间是什么？这两个问题真的不好回答。但是，不得不承认的是，时间和空间又是物理学中两个十分基础的、回避不了的问题。物理学研究的运动主要是机械运动。机械运动最显著的特点就是物体位置的变化，位置变化对应的就是空间，而位置变化的发生又必定伴随着时间的流逝。所以，研究物体的运动，首先要研究的就是空间和时间的

老子

变化问题。

最早给空间下定义的人是老子，他在《道德经》中把"空间"比喻成一个大风箱，十分的形象。不仅如此，在老子看来空间其实并不是空的，里面其实充满了一种叫作"气"的东西。

浩瀚的宇宙

宇宙这个词，其实就涵盖了时间和空间。战国时期的尸佼是诸子百家里面杂家的代表人物。尸佼在《尸子》这本书里说："上下四方曰宇，往古来今曰宙。"很显然，尸佼的说法之中，宇就是空间，宙就是时间。

神秘的时空

除了尸佼之外，在《庄子》这本书里也有关于宇宙的说法。虽然，《庄子》里面并没有像尸佼那样给"宇"和"宙"进行明确的定义，但是却用十分准确而形象的语言描述了时空无限的重要特性。一个无处不在，一个无始无终。

诸子百家之中，对时间和空间的定义最具有物理色彩的还是墨家的定义。按照墨家的说法，时间就是"合古今旦莫"，空间就是"东西家南北"。很显然，墨家关于时间和空间的定义是非常通俗的。"旦莫"就是"旦暮"，也就是早晨傍晚的意思，连起来说就是从古到今，从早到晚，这就是所谓的时间。"家"有"中"的意思，对于每个人来说，认识空间的习惯就是以自己家为中心，朝着东南西北四个方向去拓展。

古人不仅认识到了时间和空间，还对时间与空间之间的联系有了思考，逐渐形成了"宇中有宙，宙中有宇"的观点。

中国古代的时空观至少包含了两个方面的内容：一个是时间与空间的统一性；一个是时空的无限性。很显然，这两点认识与现代的时空观是非常接近的。

从物理学的研究来说，时空的认知是运动研究的基础。自然，在时空方面有着足够认识的古人，在运动方面也不会没有建树。

墨家对运动和静止的观察与研究是非常仔细的，关于运动和静止的定义也非常精妙，运动就是空间的改变，"动，或（域）徙也"；静止就是物体在某个时间内处在空间某一位置，"止，以久也"。

墨子像

不仅如此，古人对于运动和静止的研究还注意到了两者之间的辩证关系。"动、静，皆动也。由动之静，亦动也。"说得直白一点，就是运动是绝对的，静止是相对的，静止不过是运动的一种特殊状态。

关于运动，古人还认识到了平动和转动的不同，墨家甚至在定义了平动和转动之外，还定义了滚动。墨家对滚动的定义来自对车轮滚动的观察研究，虽然不见得特别的严谨，但是非常具有实证意义。

墨家对运动的研究是非常深入的，他们已经认识到了物体在空间移动的时候是伴随着时间的变化的，将空间和时间很自然地联系到了一起。在墨家看来，人们走过一定的路程就必定需要一定的时间，行走的距离不同，所用的时间也就不同。

飞矢不动

物理学之中，研究一个物体的运动是离不开参照物的，一个物体相对于不同的物体的位置变化关系并不相同，得到的运动结果也会有所差异，这就是运动的相对性。

卧看满天云不动，不知云与我俱东　　　　　　　　　　两岸青山相对出

西晋一位叫作束晳的人曾经注意到这样的一个现象："乘船以涉水，水去船不徙矣"。这个现象与我们在乘车的时候往往会觉得车外面的树木在飞速地后退一样。东晋的葛洪认为："见游云西行，而谓月之东驰。"可以说，葛洪的说法是最典型的运动的相对性观点了。

刻舟求剑

关于运动的相对性，有一个故事还是很有意思的。《吕氏春秋》这本书里记录，一个楚国人乘船过河，船到河中间的时候，不小心将手里的剑掉到了水中。这个时候，此人做了一件让周围的人感到不可思议的事情，他在船上做了一个记号，然后说这个地方就是他的剑落水的地方。船靠岸之后，此人就顺着船上的记号，到水里去捞他的剑，结果当然是一无所获了。

这就是著名的"刻舟求剑"的故事，《吕氏春秋》记录这个故事的目的，首先是嘲笑这个愚蠢的家伙。但是，如果仔细推敲一下的话，我们就会发现这个故事里面其实就蕴含着有关运动的知识。刻舟求剑里这个人的错误，其实就是他选错了参照物。

桥流水不流

"牛从桥上过，桥流水不流。""两岸青山相对出，一片孤帆日边来。""满眼风波多闪烁，看山恰是走来迎。""卧看满天云不动，不知云与我俱东。"这些优美的诗句里所描述的景象，生动地展示出了运动的相对性。或者说，正是诗人们敏锐地观察到了运动的相对性，灵活地运用了运动的相对性，才在灵光闪现之间诞生了如此的佳作，让那桥、那山、那水、那云都变得充满了灵性。

甲骨古文形有神　解字精准论说文

"力"是物理学中最基础也是最重要的一个概念。人类的生存和生产离不开对不同种类力的使用。对力的切身感知，源远流长。弹力、摩擦力、重力，这些常见的力，在古人的生活之中随处可见。我们的先人对于"力"这个物理概念的认识和思考，有着悠久的历史，彰显了古人的智慧。

甲骨文中的"力"字

原始的翻土工具

甲骨文是我国最古老的文字，出现在 3000 年前的殷商时期。在甲骨文里面，就有"力"这个字——丿。甲骨文中的"力"字，样子很奇特，也很形象，很像一种用来翻土的工具。翻土的确是一件很费力的事情，从当时的情况来看，这里所提到的力指的主要应该是体力。从体力劳动之中认识到力，应该是人们最直接的体验，也是合情合理的。当然，随着社会的发展，古人对力的认识也逐渐丰富起来。

《说文解字》这本古籍，不仅是我国出现时间最早、影响力最大的字典，也是中国第一部系统地分析汉字字形和考究字源的字书。这本古书的作者是东汉时期的许慎（约58—约147），距今已经有将近两千年的历史。在这本书中，许慎给了"力"这个字更深刻的解释。他认为古人创造的这个"力"字，更像动物或者人的肌肉因为用力而紧张时候的样子。在许慎看来，当初创造出"力"这个字的先民一定是有用力的亲身体会的。很显然，在《说文解字》里面，许慎将"力"与人体肌肉的形变联系到了一起。墨家学者更是直接认为力就是体力。

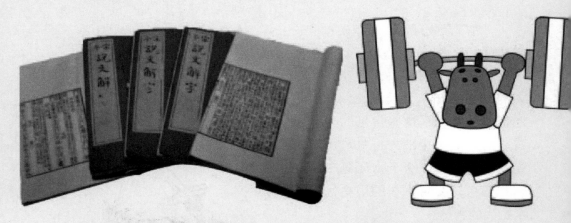

许慎在《说文解字》中将"力"与人体肌肉的形变联系到了一起

东汉思想家王允写的《论衡·效力篇》中有很多关于"力"的讨论。虽然他是为了用"力"类比说明，知识、道德、仁义等的重要性。但是王允对"力"的相关论述是很合理的。"古之多力者，身能负荷千钧，手能决角伸钩，使之自举，不能离地。"能身负千钧、扭断牛角、拉直铜钩的大力士，却不能把自己举离地面，说明了力的作用是相互的，内力无法改变物体的运动状态。

谦受益时满招损　重心欹器惊圣人

　　重心，是物体上一个很特殊的点，一般认为是物体重力的作用点。物体重心的位置，对于物体的稳定性具有直接的影响。无论是不倒翁，还是饮水小鸭，这些玩具都是利用了物体的重心。同样，对于重心的认识和有效使用，也是我国古代物理学史上力学方面不可忽视的成就之一。

可爱的不倒翁

　　我国古代历史上有一个时期叫作仰韶文化时期，距今大约 6000 多年，考古的过程中，人们发现这个时期的一件外形很奇特的瓶子。它的底是尖的，肚子很大，口却很小，两个耳环分布在肚子中央偏下的地方。因为这样的特殊样子，它不能站立在地面上，即便是悬挂着的时候，也是处于倾斜的状态。后来，考古学家们给这种外形奇特的瓶子取了一个正式的名称，叫作半坡尖底罐。

半坡尖底罐

研究发现，半坡尖底罐很有可能是用来装水的。但是，装水的时候又不能装得太满，只能装大半瓶而已，因为只有这种情况下瓶子才是正立的状态。为什么会这样呢？

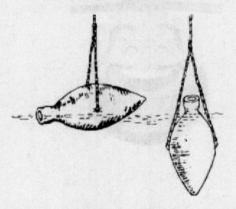

尖底瓶自动汲水示意（半坡类型尖底瓶测试）

原来，这个半坡尖底罐本身的质量分布就是不均匀的，它的重心整体偏高，在两个耳环连线的上面，所以空着的时候它是无法保持平衡的，只能处于倾斜的状态。当有水进去之后，整体的重心开始下移，到了两个耳环连线的下方，此时半坡尖底罐就能够处于正立状态了。但是，随着罐子里的水逐渐增多，整体的重心就会再次上移，一旦重心的位置再次超过双耳连线，之前的正立状态就无法继续保持了，所以，这样的罐子里面不能装太多的水。

从半坡尖底罐我们不难看出，古人在重心位置的使用上确实是非常巧妙的。我国古代妙用重心位置的例子很多，每一个例子之中都充满了智慧。

朱雀铜灯是 1968 年在西汉中山靖王刘胜的墓中发现的一件精美的青铜灯具，它的造型十分别致，朱雀的嘴里衔着灯盘，两只脚则站立在灯座的边缘，给人一种摇摇欲坠的感觉，但事实上它却站立得十分平稳。究其原因，是因为灯具整体的重心位置十分合理，正好与底座的中心在一条竖直线上。

马踏飞燕，又叫作马超龙雀、

朱雀铜灯

铜奔马、马袭乌鸦、鹰掠马、马踏飞隼、凌云奔马等，是东汉时期的青铜器，1969 年 10 月出土于甘肃省武威市的雷台汉墓。马踏飞燕身高 34.5 厘米，身长 45 厘米，宽 13 厘米，重 7.15 千克。马昂首嘶鸣，三足腾空，一足踏飞燕，看起来随时有翻倒的可能，事实上它却稳稳当当地站立在那里。究其原因，依然和整体的重心位置有着直接的关系。

马踏飞燕

先秦时期，曾经出现过一种与半坡尖底罐类似的东西，叫作欹器。欹器之所以叫这个名字，是因为它自由放置的时候是倾斜状态的。欹器的出名，据说与孔子有直接的关系。有一次孔子在鲁桓公的庙里见到了欹器，就向庙里的值守人员询问这是什么东西。庙里的值守人员告诉孔子，这是可以用来当作座右铭的东西。孔子随即就说他听说过这个东西应该有个特点，那就是空着的时候是倾斜的，里面装上一半水的时候是正立的，如果水装满了又会倒下让水都流掉。随后，孔子

欹器

就当场做了实验，发现这件欹器果然像他曾经听说过的一样——"中而正、满而覆、虚则欹"。孔子十分感慨，悟出了一个影响深刻的做人的道理——"谦受益、满招损"。

其实，孔子看到的这个欹器，与半坡尖底罐的道理是一样的，都是因为不同时候重心位置发生了变化。空着的时候，重心偏上；注入一半水的时候，重心偏下；装满水之后，重心再次偏上。重心偏上的时候，整体结构无法保持稳定，所以就会"满而覆"；重心偏下的时候，整体结构足以保持平衡，所以就会"中而正"。

从秦汉时期开始，就不断有人制造出各种各样的欹器。这些欹器虽然外形上略有不同，或者精巧，或则粗犷，但是其中的道理却是一样的，都是利用了重心的变化。还曾经有人专门编著过介绍各种欹器的书籍，比如隋代算家临孝恭的《欹器图》。遗憾的是，这些书籍后来因为各种原因都遗失了。

我国古代历史上，除了在上述的物品之中巧妙地利用了重心的知识之外，有一件流传至今的玩具也堪称利用重心原理的典范之作——不倒翁。唐朝的时候，有人制造了一种叫作"酒胡子"的不倒翁，当时制造

"酒胡子"不倒翁

这个小玩意主要是用作劝酒器的。关于这种酒胡子，历史上有两种不同的记载：一种是出现在五代时期王定保所写的《唐摭言》中；一种是出现在宋代张邦基所写的《墨庄漫录》中。前面的那一种，整体的重心位置比下面圆的中心略高一些；后面的一种，整体的重心位置比下面圆的中心略低一些。

我国古人对重心的巧妙应用还有一个精妙的案例，那就是磬这种乐器的悬挂。磬是我国特有的一种古老的乐器，主体上分为两个部分，一个叫作鼓部，一个叫作股部。鼓部是用来敲打发出声音的地方，而股部则是悬挂点所在的区域。为了便于乐师的演奏，磬的悬挂是很有讲究的，要确保它的鼓部处于略微下斜或上翘的状态。这种情况下，就要求悬挂点不能完全与磬的重心重合，但是，同时又要求悬挂点不能距离磬的重心太远。古代的乐师们到底是如何确定磬重心

磬

的位置的，这个到目前还不清楚，但是，毫无疑问的是，古人对重心灵活而巧妙的应用是不争的事实。

问水为何能载舟　和尚高招捞铁牛

船为什么能够浮在水上？因为水对船有向上的浮力作用。说起浮力，总免不了要想起那个叫作阿基米德的外国人。实际上，我国古人对浮力的认识一点都不比阿基米德差，也不比他晚。

我国历史上有一部非常有名的古书叫作《庄子》，书里面提到水和

水对船有向上的浮力

船的事情。首先，书中认为水不是足够深的话，是不能够浮起很大的船的。为了说明这句话，书中还进一步做了说明。假如把水倒在平地上的小凹坑里，那只能把小草叶子当作船才可以浮起来，如果这个时候把一只杯子放到里面，杯子就会跟坑底粘在一起，这就好像水太浅而船太大一样。《庄子》里的这段描述，虽然只是一种经验性的认识，但是，它却反映了古人对浮力问题的早期科学猜测。

对浮力问题更加科学的认识出现在《墨经》里面：形体大的物体在水中下沉的深度却很浅，关键是在平衡。虽然《墨经》中的记载只有区区十几个字，但是，毫无疑问这个平衡二字的理解是关键，如果这里的平衡是物体排开液体的重量与物体的重量平衡的话，《墨经》的这句话就与大名鼎鼎的阿基米德定律旗鼓相当了。事实上，我国历史上利用这个认识去解决实际问题的案例非常丰富，很多都是流传千古的。

曹冲称象的故事，大家早已耳熟能详。这个故事里，曹冲正是很好地借用了浮力的特性，实现了"以舟量物"的目的。关于曹冲称象的故事，正式出处是《三国志》这本书，书中有一篇是专门给曹冲做的传记，里面记录得十分清楚。不过，很有可能曹冲并不是第一个用这种方法称量重物的人。根据史书记载，大概在东周的时候，有人给北方的燕昭王进献了一只大猪，被养了十五

曹冲称象

怀丙捞铁牛

年之后，大得像一座小山丘一样，猪的腿都不能够支撑住自己的身体了。这个时候，燕昭王就想知道这头巨型的大猪到底有多重，结果弄断了十把大秤也没有能够成功。这种情况下，就想到了"以舟量物"的方法，终于得到了这头巨型大猪的重量。遗憾的是，记录这个故事的原著早就遗失。现在看到的故事，已经是明朝人编撰的书之中收录的了。如果这个故事确实属实的话，那说明"以舟量物"的方法早在公元前 4 到 5 世纪的时候就已经出现了，这倒是与《墨经》之中得到的理论认识是基本同时的。

除了曹冲称象，我国历史上最出名的有关浮力应用的案例就是"和尚怀丙捞铁牛"了。这件事情应该是发生在我国宋朝的时候：有一年黄河大水把固定浮桥的大铁牛冲到了水里，陷入了淤泥之中。洪水退去之后，为了重修浮桥，人们就需要把这些重达数十吨的大家伙从水里捞出来。众人万般无奈的情况下，只好张贴榜文公开招募豪杰之士解决这个问题。这个时候，一个和尚走了出来，主动接下了这项任务，这个和尚就是怀丙。

独木舟

大铁牛

怀丙的办法确实十分巧妙。他先找来两艘大船，并排固定好了，船上装满了泥沙。然后，又让人潜入水中用绳子绑好水中的铁牛，然后把绳子的另一头固定在船上已经准备好的木头架子上。这个时候，绳子被绷得直直的，紧紧的。然后，怀丙就让人把船里的沙土慢慢地清空，随着船上的沙土越来越少，强大的浮力就让船一点点地向上浮了起来，绷直的绳子同时也就将铁牛从淤泥之中慢慢地拔了出来。毫无疑问，实际的过程并不会这样简单，但是，怀丙利用浮力解决了难题却是毋庸置疑的。

对于浮力的认识，对于浮力的应用，古人的智慧真的很多！除了曹冲称象，船称大猪，和尚捞铁牛，我国的古籍中还有很多浮力应用于实践的例子。

成书于春秋时期的《诗经·小雅·菁菁者莪》中有这样的记载："池泛杨舟，载沉载浮。"这里提到的"舟"，就是"船"的意思。船的发明，正是浮力的重要应用之一。

浮力的另一种应用就是制造浮桥。浮桥，顾名思义，是浮在水面上的桥，没有脚踏实地的桥墩，也不需要绳索悬挂，是一种独特的桥。我国古代利用浮力制造浮桥的历史十分悠久，最久远的记载可以追溯到2000年前的春秋时期。在古书中有这样一句话："造舟于河。"在这句话后面紧跟着的方法是："言船相至而并比也。"这句话的意思就是把船一艘接着一艘地排列在一起。很明显，这应该是最早的、浮桥的雏形。

浮桥

几颗莲子定比重　一根绣针乞智巧

　　比重，也叫作相对密度。古人首先注意到的，就是水的比重问题。宋朝的时候，已经有人注意到了不同的地方水质是不同的，而其中判断的依据就是相同体积情况下的水的重量不同。

　　盐业，在技术不发达的古代是一个非常重要的、关乎民生的产业。用卤水制盐，

卤水制盐

是古代最常见的一种制盐方式。这种情况下，卤水的品质就非常重要了，而卤水品质的重要指标之一就是比重。说得更加通俗一点，就是卤水自身的浓度问题。显而易见，含盐越多的卤水，浓度肯定越大，反之则越小。所以，判断卤水的浓度，也就成了判断卤水品质高低的重要手段。古人在评定卤水品质的过程中，发明了最原始的比重计。

宋代的典籍之中，非常清晰地记录了当时使用的原始比重计及其使用方法与判断标准。这里所谓的原始的比重计，其实就是十颗莲子。这十颗莲子的大小差不多，重量上略有区别，毕竟要找到十个一模一样的莲子是不太可能的。将十颗莲子扔到卤水之中，如果十颗莲子都浮起来，这样的卤水就是好的，古人把这样的卤水称为"全收盐"，也就是浓度100%的盐水；如果能够浮起五颗莲子，那就是所谓的"半收盐"，也就是50%浓度的；如果是连三颗莲子都浮不起来，这样的卤水就根本没有任何的价值，是熬制不出盐来的。当然，除了用莲子的，还有直接用鸡蛋的。鸡蛋在卤水中浮出部分的多少，能够直接反映出卤水浓度的高低。浓度越高的，鸡蛋浮出的部分就越多，反之则越少，甚至还有可能是下沉的。

从定性，到定量。古人运用莲子作为参考去评价卤水的品质，也是在不断的发展进步之中的。到了元代，人们已经懂得先用不同浓度的卤水浸泡莲子，将这些莲子变成了具有不同密度特性的"浮子"。等到使用的时候，就将这些在不同卤水之中浸泡好了的"浮子"放进要评定的卤水之中，然后观测这些"浮子"的沉浮情况就可以知道所测试卤水的浓度如何了。很显然，这里面所使用的，正是液体沉浮问题中的悬浮现象，因为在悬浮的时候，物体与液体的密度是一样的。

古人不仅会用巧妙的方法去判断不同液体的浓度，还观测到了不同浓度液体的分层叠置现象。同时，古人还认识到了液体表面张力的存在。液体的表面张力，往往会让液体在表面出现很多有趣的现象，比如球形液滴、毛细管现象、肥皂泡

液体表面张力

现象、表面薄膜等等。古人对这些现象，不仅有认识，还会做一些有意思的实验。

乞巧

西汉刘安在《淮南万毕术》这本书里面就提到了一个实验：用头上的头油污垢涂抹一根针，连针孔都给堵上，这根针就能够在水面上浮起来。这个针浮水面的实验，一代代被流传了下来，后来慢慢变成了一种特定人群在特殊日子进行的游戏。农历的七月初七，被认为是牛郎织女相会的日子，也就是所谓的七夕。在明朝的时候，女性会在这一天举行"乞巧"活动，借此向织女乞求女工方面的智巧。这个时候，大家聚在一起的时候就会玩"丢巧针"或"丢针儿"的游戏。这个游戏，其实就是针浮水面实验的游戏化形式。

浮在水面的针

　　无论是针浮水面实验，还是后来的"丢巧针"游戏，针之所以能够浮在水面，正是液体表面张力的作用。古人不仅很巧妙地利用了液体的表面张力，甚至还发明了表面张力演示器。所谓的表面张力演示器其实并不复杂，就是一个用竹篾制成的圆圈。宋朝的时候，人们用这个东西来检验桐油的好坏。将竹篾圈子往桐油里一沾然后拿出来，如果能够在竹篾圈子上形成一层桐油薄膜，就说明这桐油的品质很好；如果无法形成薄膜，那就说明是次品或者含杂质太多。

　　相关的记载，出现在南宋的张世南所写的《游宦纪闻》一书中。张世南生活在 12—13 世纪，他在书中记载的液体表面张力演示器大约出现在南宋或者更早的北宋时期。

渴乌隔山能取水　　公道杯里有玄机

　　"渴乌"其实就是虹吸管，也被形象地称为过山龙。如图所示，高处杯子里的水，可以通过虹吸管先上升再下降，最后流到下面的杯子里。在实际的用途中，上面的杯子或许就是一个宽阔的湖泊，下面的杯子或许就是需要灌溉的农田，两者之间隔着的正是一座山坡。借助神奇的虹吸管，水就可以从山这边的湖泊翻山越岭流到山那边的农田之中，过山龙的这个名字确实很形象。虹吸管的神奇，则是由大气压形成的，两边的管口水面承受不

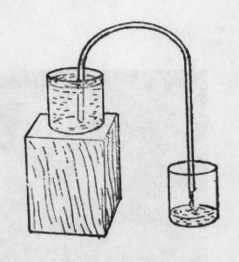

虹吸管

同的大气压力，水就会由压力大的一边流向压力小的一边。

虹吸管的出现，在我国有着很悠久的历史。西汉汝阴侯夏侯灶墓中出土的竹简之中就有相关的记载，而在《后汉书·张让传》中更是直接提到了"渴乌"，而且明确地提到了它的制造者叫作毕岚。在毕岚之后大约200年的时候，北魏的道士李兰在他制造的秤漏之中就使用了渴乌。利用这种渴乌，李兰实现了将上面壶中的水引入到下面的壶中的目的，而他所制造的这种铜质的渴乌，"状如钩曲"。当然，到目前为止，以图画形式留存下来的渴乌则是来自于唐代，一个叫作吕才的人绘制了一幅五级漏壶图，里面就有渴乌的样子。

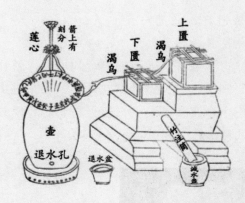

渴乌的使用

阴阳壶

唐代的杜佑在他所著的《通典》中更是记录了用渴乌隔山取水的方法，描写得十分详细。在杜佑的描述之中，古人不仅知道制造渴乌的时候需要注意气密性，还懂得通过加热的方式获得局部真空，而且还很清楚一点，那就是只有进水处的水面高于出水处的水面，渴乌隔山取水才能够成功。

公道杯，古代饮酒用的一种瓷器，据说是出现在明朝开国皇帝朱元璋的时候，官府在景德镇开设了"御器厂"，专门给皇宫里烧制各种瓷器。"御窑厂"里的瓷器工人自然都是一些制瓷方面的能工巧匠，他们潜心研究之下，造出了很多精巧之至的佳品，其中就包括了"公道杯"。

公道杯

不过，关于公道杯，还有一个特别有意思的传说故事。

据传说，当时的浮梁县令为了拍皇帝的马屁，就让"御窑厂"的瓷工必须在半年内研制出一种特别的"九龙杯"用来进贡，完不成任务就要被重罚。瓷工们个个寝食不安，日夜冥思苦想，反复尝试，经过三个多月，几十次的试验之后，终于获得了成功。

九龙杯

朱元璋看着浮梁县令进贡的"九龙杯"，也是爱不释手。浮梁县令由于进贡有功，得到了皇上的赏识，很快就升了官。

朱元璋得到"九龙杯"后，便经常用它来盛酒宴请文武大臣。在一次宴会上，朱元璋有意让几位心腹大臣多喝一点酒，便特意把他们杯子里的酒添得满满的，而那些平时喜欢直言不讳进谏忠言的大臣们的酒杯里，则倒得浅浅的。但是，接下来发生的事情却让这位皇帝傻了眼，那几位被他刻意照顾的大臣居然一点酒都没有喝到，酒全都从"九龙杯"的底部漏光了，而那些杯子里本来没有倒满酒的大臣们却高高兴兴地喝上了皇帝赏赐的美酒。

经过询问，朱元璋才终于明白，原来这套"九龙杯"的设计居然是内用玄机的，用"九龙杯"盛酒时只能浅平，不可过满，否则，杯中之酒便会全部漏掉，一滴不剩。于是，朱元璋便把"九龙杯"命名为"公道杯"，因为他认为这杯子的这种特征正是要告诉人们一个道理：办事必须讲求公道，为人不可贪得无厌。

其实，公道杯的内部设计原理就是物理学上的虹吸原理。当杯子里面的酒少的时候，虹吸管不满足发生虹吸现象的条件，杯子里的酒就不会流走。反过来，当酒多的时候，超过了最高水面，虹吸管就满足了发生虹吸现象的基本条件，酒水就会沿着虹吸管直接流走。其实，虹吸管就是前面提到的渴乌，将一个小巧的虹吸管藏在酒杯里，设计上还是非常巧妙的，足见古人的智慧了得。

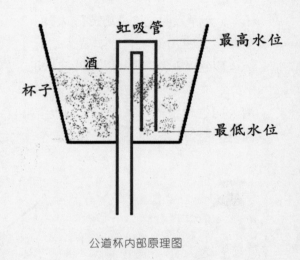

公道杯内部原理图

抽得陀螺抖空竹　被中香炉藏玄机

我国古人虽然并没有刻意地去研究过回转运动，但是，却发明了不少与回转运动相关的玩具，比如陀螺、空竹等。

陀螺是中国的传统玩具，到底起源于什么时候确实已经无法考证了，但是至少在唐朝的时候就已经存在了。历朝历代关于陀螺的记载确实不

少，陀螺的制作材料也不尽相同，陶、木、竹、石皆可，其中用木头制作的最多。"陀螺"这个叫法，最早是出现在明朝，刘侗、于弈正合撰的《帝京景物略》有"杨柳儿青，放空钟；杨柳儿活，抽陀螺；杨柳儿死，踢毽子"的记载。很显然，到了明朝的时候，陀螺已经成了孩子们非常喜爱的玩具。

空竹，在不同的时代和地方有着不同的名字。明清以前，人们叫它"空钟"，在南方有人叫它"嗡子"，天津人叫它"风葫芦"或"闷葫芦"，四川人叫它"响簧"，上海人叫它"哑铃"，山西人叫它"胡敲"，长沙人叫它"天雷公"，台湾人叫它"扯铃"，北方人则大多叫它"空竹"。

空竹

抖空竹

空竹出现在我国历史文献中的时间也很早。早在春秋战国时期，《庄子》中就对当时的抖空竹运动进行了描述。到了三国时期，著名诗人曹植专门写过《空竹赋》，虽然辞赋内容已失传，但证明了抖空竹在当时十分流行。到了宋元时期，抖空竹快速发展。到了明代，抖空竹无论是运动方法还是运动规则，都已经十分成熟了，不仅有地上抖的空竹，也有可以在空中抖的单盘空竹。清代，空中抖的空竹已经突破单盘空竹，出现双盘空竹，抖空竹深受人们喜爱，玩法与现代已基本相同。

陀螺仪

空竹可以看作是陀螺的另一种形式，它的形状（尤其是单轮空竹）和原理都与陀螺相似。在不受外力的情况下，陀螺高速旋转会并保持自转轴与地面垂直的方向不变。如果把陀螺放在一个基座上，无论基座怎样晃动，旋转轴的方向始终保持不变。这种带有基座的结构被称为万向支架，也称为常平支架。陀螺与万向支架两部分组成了陀螺仪，现代技术中，陀螺仪的应用非常广泛，涉及航海、航空、航天的导航、坦克与火炮的稳定、鱼雷与导弹的定向、工作平台与测量仪器稳定等方面。

早在 2000 年前，中国发明的"被中香炉"的结构与陀螺仪的万向支架就十分相似！被中香炉是中国古代点燃香料熏衣物及取暖的球形小炉。它的外壳由两个半球合成，壳上镂刻着精美的花纹。球壳内部装有大小两个圆环，大环装在球壳上，小环则套在大环内，两小环的轴相互垂直。放置香料的金碗又用轴装在内环上，金碗的轴与两个环的轴都保持垂直。这种特殊的设计构造使得香炉的外壳无论如何滚动，里面的金碗都能够始终保持水平状态，里面的香料一点也不会洒出来。

被中香炉

　　汉朝文人司马相如的《美人赋》中就有关于被中香炉的描述，由此可见，被中香炉这种东西至少在公元前2世纪的西汉时期就已经存在了。万向支架是被中香炉的重要结构，宋朝沈括在《梦溪笔谈》中记述的唐高宗时制造的一种旅行用车，称为"大驾玉辂"，也利用了万向支架的原理。据说唐朝这架"大驾玉辂"的名头还是很大的，而且还非常不容易仿制。宋朝的时候，曾经有皇帝想仿制它，但是造出来之后怎么也达不到真正的"大驾玉辂"的水平。清乾隆年间出版的《皇朝礼器图式》一书中，介绍了一种叫作"游动地平公晷仪"的仪器。这种仪器的出现说明至少在乾隆时期，中国人已经将陀螺仪的原理应用到了航行指向、定时方面。

【游动地平公晷仪】

游动地平公晷仪 谨按，铸铜为之，圆座径二寸一分，高一寸八分。内游环三层，系日晷地平盘于三层环内，中施指南针，周围时刻线三层，依北极高三十度，四十度、五十度。北有弧表，画线对弧表线，心出斜线对弧表线，自地平中视线影以知时刻。为舟行测验之器。

《皇朝礼器图式》

儿童散学归来早　忙趁东风放纸鸢

中国的风筝，被公认为世界上最早的飞行器。纸鸢、纸鹞、风鸢，这些都是我国古代对风筝的别称。风筝的形式，更是多种多样，上面的绘画包括了丰富的题材。

重力、空气动力和拉线张力，是风筝在空中受到的三种力。风筝的升空过程，对现代空气动力学思想的发展起到了重要作用。

从各种典籍的记载来看，风筝应该起源于我国的南北朝时期

放风筝

的南朝，距今大约 1500 年。从文献的记载来看，风筝最初是作为战争的通信手段而被发明出来的，然后逐渐发展为一种大众化的娱乐活动。南宋的时候，市面上已经有了专门卖风筝的小商贩了。

燕子风筝

南方把风筝叫"鹞"，北方把风筝叫"鸢"。北方多烈风，气候干燥，北方的风筝主要是"硬拍子""软拍子"和"担子"等，有的需要挂很长的尾缀儿才能放飞；而南方的风筝多以"软翅风筝"为主。

我国古代的飞行器，除了风筝之外，还有诸如木鸢、竹蜻蜓等物件。

木鸢的出现，据说是与战

国时期的能工巧匠公输班（也就是世人常说的鲁班）有关系的。根据典籍《墨子·鲁问》中的记载，公输班曾经制造过木鸢："公输子削竹以为鹊，成而飞之，三日不下。公输子自以为至巧。"

宏大的放风筝场面

竹蜻蜓是中国古老的玩具，从公元前 500 年左右被发明出来之后，已经有两千多年的历史，其外形像个"T"，横的一片像螺旋桨，当中有一个小孔，其中插一根笔直的竹棍子，用两手搓转这一根竹棍子，竹蜻蜓便会旋转飞上天，当升力减弱时才会落回地面。这种简单而神奇的玩具，曾令西方传教士惊叹不已，将其称为"中国螺旋"，为西方的设计师带来了研制直升机的灵感。

竹蜻蜓

直升机

弹性材料何其多　弹性定律有人论

弓和弩的制造，是古人认识材料的弹性、利用弹力为自己服务的成功案例之一。除了弓和弩之外，我国古人在实际的生产和生活之中利用材料弹性制作的器具和零构件有不少。比如，在《天工开物》《王祯农书》等古籍之中，都有关于弹棉花的弹弓的记载；在《天工开物》中还有关于织布用的"腰机"中的弹弓的记载。甚至，在现代的考古之中还发现了春秋战国时期的金属弹簧。

我国的考古之中发现弹簧的事情，确实很多。比如在湖北襄阳就发现了"小型拉伸弹簧一堆"，遗憾的是这些弹簧的弹性已经消失，

弹棉花

根据推断，墓葬的年代不晚于战国中期；武汉市熊家岭战国中期墓葬之中，发现了以铅锡为材质制作的金属弹簧，但是也已经失去了弹性。不过，在湖北当阳发现的铜器之中找到的拉丝弹簧，每一件都是用金属丝绕制而成的，而且还有一定的弹性。这些考古发现之中，最出名的自然是曾侯乙墓中出土的那些金属弹簧，有用黄金制作的，有用铅锡合金制作的，而且还都有一定的弹性存在。

我国古代的金属弹簧，不仅有传统意义上的圆柱形螺旋弹簧，还有一些片状或者条状的，比如说一些铜锁、铁锁里面的锁簧。北宋大文学家欧阳修在《归田录》一书之中记载了北宋科学家燕肃用锁簧把一个鼓环装入鼓内的故事。

古人在讨论弹性和弹性形变问题的时候，自然就免不了出现了弹力的概念。弹力这个词，最早出在唐代的典籍之中。不过，当时的弹力一词，所表达的含义并没有现代物理学中弹力这样广泛，更多的还是指弹弓力。不过，古人对于弹力的测量，却比"弹力"这个词的出现还要早很多。这一

弓由有弹性的弓臂和有韧性的弓弦组成

点，其实也不算奇怪，因为我国古人对于弓箭的使用本来就有着悠久的历史，而制造弓的时候，自然就免不了涉及弹力的测量问题。比如，在《考工记》这本书中，在介绍弓的制作的时候，就有"量其力，有三均"的说法。

弹性定律是材料力学一个重要的理论基础，现在被普遍接受的理论

就是胡克定律。不过，在我国的古籍之中其实也是有关于力与形变成正比的记载的，而且比胡克发现胡克定律还要早 1500 多年。

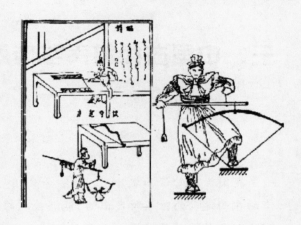

郑玄《考工记》

东汉的时候，有一个叫作郑玄的人，他不仅是一位很有名气的经学家，对于天文、历法和算术都有涉猎和研究。当时，郑玄对《考工记》里面的那句"量其力，有三均"做了比较详细的注释。郑玄在注释之中有这样的一句话："每加物一石，则张一尺。"这里的"石"是古代的重量单位，不同的时代，一石的重量是不太一样的。一石相当于 120 斤，明代的一斤相当于现在的 596.82 克，而西周的一斤则相当于现在的 228.86 克。至于一均，则相当于 30 斤。文言文言简意赅，但是也容易引起一些理解上的麻烦。所以，对于郑玄的注释，现代的人自然也有了不同的认识。但是，不管是哪一种情况，古人已经认识到了弹力与形变之间的对应关系的事实还是没有疑问的。虽然郑玄的认识没有上升到足够的理论高度，但是他从实践之中获得的经验结论依然是十分可贵的。

郑玄像

不仅如此，古人也确实将自己关于弹性定律的认识用到了弓弩改造之中，这一点，宋代的相关典籍之中就有相应的记载。

三、中国古代的声学成就

我国古人的认知之中，"声"和"音"是有区别的。古人认为，所有的东西运动的时候所发出的，能够被人的耳朵听到的，都叫作声。"音"，则专门指的是"乐音"，是那种能够让人的心情感到愉悦、用各种乐器按照一定的规律演奏出来的声音。我国古代关于声学研究的典籍非常丰富，其中的绝大多数都与音乐有关，可以说我国古人是在对音乐的研究之中发展了声学，形成了具有中国特色的古代声学研究。

欲问声从何处起　鸣沙山里有玄机

中国古代的声学研究离不开于音乐以及各种乐器的研究。古人在制造乐器的过程中，逐渐认识到物体能够发出声音与物体的振动有着直接的关系。"振动"这个词最早出现在《考工记》这本先秦时期的书籍之中，只不过当时被写作"震动"，其实，在古籍之中"震动"和"振动"是相同的。在《考工记》里就清楚地提到钟发出声音是因为钟的振动，而钟的厚薄又直接决定了所产生的声音的音调高低。

铜钟

虽然在《考工记》之中已经有了这样的认识，但是古人对于声音到底是怎样产生的，依然有很多困惑。在北宋大文学家、大学者欧阳修的《六一笔记》之中就有一段关于声音到底怎么产生的辩论，非常有意思。

路人甲问路人乙：钟是用铜铸造的，敲钟用的棍子是木头做的，用木棍去敲铜钟，铜钟就会响。那么，你说这声音是由木头产生的，还是由铜产生的呢？

路人乙回答：用木棍去敲击墙的时候，墙并不会发出声响，而敲钟的时候钟却会发出声音，所以声音应该是由铜产生的。

甲于是又问乙：可是，我用木棍去敲击一堆铜钱的时候，铜钱也没有发出像钟那样的声响啊！铜钱也是铜做的，声音难道真的是由铜产生的吗？

乙又回答说：这是因为铜钱堆在一起是实实在在的，而钟的内部却是空着，所以只有中间空着的物体才能够发出声音。

甲又追问到：可是，如果我用泥巴做一个泥钟，还用木棍去敲击它，这个泥钟还能够发出声音吗？那么，真的是中间空着的物体就能够发出声音吗？

编钟

两人的对话虽然最后并没有得出一个明确的结论，但是，这种带有几分诡辩色彩的诘问却能够引发人不断地去深入思考。从《六一笔记》中的这段记录可以看出，我国古人对于声音产生的根源问题，确实是有思考的。

古人对于声音产生原因的思考，不仅因为对乐器制造和对音律的研究，也与一些自然界有趣的声学现象有着一定的关系。

鸣沙现象是一种很奇特的自然现象，在沙漠中或沙丘上，当有风吹动导致沙粒滑落或出现相互运动的时候，就会发出嗡嗡的声响，这样的地方也往往被称为鸣沙地。敦煌鸣沙山就是一处著名的鸣沙地，也是我国四大鸣沙之一。它在汉代被称为称沙角山，又名神沙山，两晋时期才被叫作鸣沙山。这座山全部都是由细沙聚积而成，沙粒晶莹透亮。传说，这里原本是一块水草丰美的绿洲，汉代一位将军率领大军西征，夜间遭遇了敌军的偷袭，结果正当两军厮杀的时候，大风突起，绿洲一下子变成了漫天黄沙之地。当然，还有更加离奇的传说：鸣沙山曾是一座玉皇大帝的宝库，玉皇大帝特命太白金星用黄沙淹埋，因为里面是空的，所以就能够发出响声了。

鸣沙山

西汉的时候，就有过鸣沙山能够发出好像演奏钟鼓管弦音乐的声音的记载。《旧唐书·地理志》中记载，鸣沙山"天气晴朗时，沙鸣闻于城内"。敦煌遗书上则记载，鸣沙山"盛夏自鸣，人马践之，声振数十里"。

敦煌鸣沙山位于敦煌城南，在巴丹吉林沙漠和塔克拉玛干沙漠的过渡地带，面积约200平方千米，是丝绸之路上的一个著名景点。鸣沙山有两个奇特之处：人若从山顶下滑，脚下的沙子会呜呜作响；白天人们爬沙山留下的脚印，第二天会痕迹全无。鸣沙山的沙峰起伏，山"如虬龙蜿蜒"，金光灿灿，宛如一座金山。

鸣沙这种自然现象在世界上不仅分布广，而且沙子发出来声音也是多种多样的。据说，世界上已经发现了100多种有类似鸣沙效应的沙滩和沙漠。这些奇特的鸣沙效应为人类带来了有特色的旅游资源，特别是中国的鸣沙山，还有丰富的历史文化内涵。

鸣沙山月亮泉

身无彩凤双飞翼　心有灵犀一点通

　　共振是在某一物体发生振动时，另一些物体也随之发生振动的现象，是一种十分有意思的声学现象。声学上的共振现象往往被称为"共鸣"，在人们对其中道理认识不清楚的年代里，这种神奇的现象也引发了很多有趣的故事。

古琴

　　关于共鸣现象的记载，最早出现在《庄子》一书中。书中记载了乐师鲁遽发现的共鸣现象，也就是著名的"鼓宫宫动"现象。"宫"是古代的五音之一，五音指的是宫、商、角、徵、羽。乐师鲁遽把两张瑟（中国古代的一种乐器，有二十五根弦的和十六根弦的）分别放在两个房间，这两个房间分别叫作"室"和"堂"。当鲁遽弹奏放在"堂"中瑟的宫弦时，就发现放在房间"室"中的瑟的宫弦也随之发生了振动。这就是著名的"鼓宫宫动"现象，类似的还有"鼓角角动"现象。这里"鼓"是"打击"的意思。

除了对弦乐器之间的共鸣现象的描述和思考之外，古人还注意到了钟与钟之间的共鸣现象。钟与钟之间的共鸣现象，应该是古代掌管礼仪的官员首先注意到的。在古代，皇帝出行的时候是需要敲钟的，西汉学者留下的记录之中就有"古者，天子左五钟，右五钟。将出，则撞黄钟，而右五钟皆应之……"的记录，这个记录里面提到的"撞黄钟，而右五钟皆应之"的现象其实就是钟与钟之间的共鸣现象。

琵琶

北宋的大科学家、经典科普著作《梦溪笔谈》的作者沈括也曾在一个朋友的家中见到过一种与众不同的共鸣现象。他的朋友家里有一个神奇的琵琶，把这个琵琶放在房间里，然后用一种叫作管色（管类乐器）的乐器弹奏出某一个音调，这个时候就会发现琵琶的弦能自己发出声音来，但是如果用管色弹奏其他的音调，琵琶上的弦就不会自己发出声音了。沈括的朋友把这个琵琶当作宝贝，但沈括却认为这只不过是一种特殊的共鸣现象而已。为了验证自己的猜想，沈括专门设计了一个实验，用琴与瑟的弦做了共鸣的实验。通过实验，沈括发现只要条件合适，琴弦与瑟弦之间也可以发生共鸣现象。不仅如此，在实验的过程中，为了能够比较准确地找到发生共鸣的弦，沈括专门制作了一些"纸人"，然后把这些很轻的"纸人"放在弦线上。实验的时候，发生共鸣的弦线上的"纸人"会跳跃起来，而其他弦上的"纸人"却不会。

曹绍夔治病

沈括的实验是世界上第一个能够演示的弦线共鸣实验。西方类似的实验是在 17 世纪完成的，就是英国牛津的诺布尔和皮戈特进行的用"纸游码"演示的共鸣实验。

古人不仅认识并研究了共鸣现象，也同样懂得如何去消除共鸣。唐朝的时候，有一个关于消除共鸣的故事，流传得很广泛。当时的"太乐令"叫曹绍夔（kuí），他就曾经通过消除共鸣的方式治好了一个和尚的"心病"。这个和尚的房间中有一个磬，每天到了某个特定的时候，就会自己莫名其妙地响了起来。这个和尚就以为是妖精作怪，心里很害怕，时间一长就生病了。和尚也曾经找过一些人来帮忙解决这个问题，但是却始终没有能够成功。曹绍夔与这个和尚关系很好，听说朋友病了，就过来问候他。交谈过程中，和尚就把房间里"闹鬼"的事情告诉了曹绍夔。正好，外面的钟声这个时候响了起来，随即，那只磬也同时发出了声音。见到这个情况之后，曹绍夔顿时笑了起来，因为他已经知道了事情的原委，于是便对和尚说："明天你专门请我吃一顿，我帮你解决这个问题。"和尚将信将疑，但还是抱着几分希望。第二天，和尚真的准备了一桌丰富的宴席，专门宴请了曹绍夔。曹绍夔吃完饭之后，从怀中拿出一把锉，在磬上锉了几下，然后告诉和尚问题已经解决了。从此之后，这只磬真的没有再莫名其妙地发出声音了。后来，和尚就问曹绍夔到底是怎么回事，曹绍夔说："这个磬与钟的音律相合，所以敲击钟，磬就会以声相应。"就这样，和尚的"病"就好了。

附耳大瓮察敌情　地听却成神兽名

声音在固体之中传播的速度比在空气和液体之中都要快，而且当声音在固体之中传播的时候，如果遇到了空穴，还会出现有意思的空穴效应。声音到了空穴之中的时候，会在空穴的四面不断地反射，这些反射的声音又会相互叠加，最后出现声音被放大的结果，这就是所谓的空穴效应。

古老的城墙

　　古人不仅很早就认识了这种现象，还很好地把它用在了实践之中。最典型的应用是在战争的时候，敌人想通过挖掘地道攻入城池之中，城池里的防守者就在城墙根处挖几个大坑，再在坑壁上镶嵌进去一只大瓮，把耳朵贴近瓮口，就可以清晰地听到敌人在地下挖掘地道时弄出的声音。这里应用的，正是声音在固体之中传播的时候遇到空穴时出现的空穴效应。因为古人常常用大瓮来形成空穴，所以也把这种装置叫作"瓮听"，当然，也有叫"地听"、地听器的。

　　先秦著名的科学家墨子应该是最早使用地听器的人。墨子让人在城池内部靠近城墙根的地方挖出一些间隔差不多的深井，这些井的深度以能够看到水为标准。然后，他们在井中放置一些很大的陶瓮，再在瓮口蒙上并绷紧皮革（就像鼓一样），让一些耳朵很灵敏的人贴着皮革仔细地去听，通过听到的声音去分辨出敌人所挖掘的地道在什么位置。

瓮

　　唐代的学者李筌也记录了一种"地听"方法。首先在城中的八个方位上挖井，每一口井的深度都是两丈，也就是六米。然后，将新的大瓮倒扣在井中，再让听力好的士兵坐在旁边，认真地听大瓮中的声音。按照李筌的描述，利用这种方法能够听到五百步距离内挖地道的声音，而且可以判断出挖掘的方位和远近。很显然，李筌介绍的方法已经比墨子的改进了不少。

另外，宋代的曾公亮（999—1078）、明代的军事技术专家茅元仪（1594—1640）等人，都有过类似的记载。由此可见，这种"地听"和"瓮听"的技术一直在战争中被应用着。

"瓮听"要用到大瓮，这在城池之中进行布置是可行的，但是在长途行军的时候就很不方便了。所以，后来人们在瓮听的基础上，发明了便捷式的、小型化的瓮听

古代的窃听器——听瓮

器。比如，李筌就曾经在的书中介绍了一种叫作胡籙（lù）的空心枕。行军的时候，一些警觉性比较高的士兵就会被安排带着这种特殊的空心枕头，休息的时候就直接枕着它们睡觉，一旦远处有敌人的兵马过来，士兵们就能够早早地通过这些空心枕头听到远处这些兵马弄出的声音，及时发出警报。

各样的箭囊

当时，也把这种空心枕头叫作地听，这个名称确实很形象，贴着地去听东西。空心枕头的主体可以是竹子、藤条或柳条编成的，两侧则蒙上皮革。李筌还指出，所用的皮革最好是"野猪皮"。北宋曾公亮和沈括都在各自的著作中记录过这种"地听"装置，而且沈括记录的装置十分简单，颇有点就地取材的意思。沈括说其实可以直接用牛皮去制作盛放箭支的箭囊，宿营的

时候，直接将箭囊当作枕头使用，所能够起到的作用跟地听一样，一点都不逊色。"数里内有人马声，则皆闻之，盖虚能纳声也。"

沈括不仅很详细地记录了这种就地取材的地听装置，还尝试着进行了理论上的分析。他特别指出，这种枕头不能是实心的，而一定是"中虚"的。所以，沈括认为"地听"应该是利用了"虚能纳声"的原理。

明代的揭暄还提出一种陶瓷的地听器，即"烧空瓦枕，就地枕之，可闻数十里外军马声"。

由此可见，地听器（包括瓮听器）是一种极其重要的侦听装置，受到历代的军事学家和技术专家的重视。神奇的地听器，到了小说里面，却被神话成了一只具有着通天彻地能力的神兽。

《西游记》里面有一段真假美猴王的故事，当时真假美猴王一路打得上天入地，无论是天庭的玉帝，还是人

传说中的神兽"谛听"

间的唐僧，都没有办法分辨出谁真谁假。后来，两个美猴王一路打到了地府，这个时候，地藏王菩萨座下有一只叫作谛听的神兽出场了。却说这只神兽可就厉害了，它能够听到天上地下任何地方的声音，比起那顺风耳要厉害无数倍。这只神兽一出场，马上就分辨出了两个美猴王的真假，但是苦于地府实力不够，并不能帮助真的制服假的，所以只能含糊其词，将问题推给了西方如来去解决了。谛听神兽，肯定是没有的，但是谛听神兽所具有的超能力，或许还真是作者受到了"地听"妙用的启发而想到的呢！

布衣王子朱载堉 一代乐圣传佳话

律学是我国古代声学研究的重要内容之一。律学研究的内容很广泛，涉及乐音产生的相关规律，以及律制的规定和定律器的制定，甚至还会与历法、度量衡等产生一定的关系。所以，律学可以说是一门综合了声学、乐学和数学为一体的综合性学科。

古琴是中国最早的弹弦乐器

律学出现在我国的时间很早，早在先秦时期的比如《吕氏春秋》《史记》等典籍之中就存在着关于律学的专门论述。律学的研究对象是乐音，而乐音则是给人的耳朵听的，人的耳朵对声音的感知又与声音的频率直接相关。具体说来，人的耳朵可以区分开一段段频率范围内的声音。或者，也可以说是不同频率范围内（频段）的声音，能够给人的耳朵带来不同的听觉体验。声音的频率决定的就是声音的高低，也就是所谓的音高。频率越高，音高就越高；频率越低，音高就越低。乐音之中，为了区分耳朵能够听到的不同音高，便给不同的音高取了相应的名字。

按照音高顺序，古人一共命名了十二律，相当于把一个八度的音，划分成了十二个部分，然后把它们分别叫作：黄钟、大吕、太簇、夹钟、姑洗、仲吕、蕤宾、林钟、夷则、南吕、无射、应钟。古人也常常把十二律称为"律吕"，这也是古代律学研究的核心所在，所以古人也往往将律学叫作"律吕"或"律吕之学"。其中，位于单数的那些又被称为"六律"或"阳律"；位于双数的那些则被称为"六吕""阴吕""六同"或"六间"。

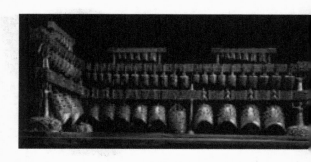

曾侯乙编钟是至今世界上已发现的最雄伟、最庞大的乐器

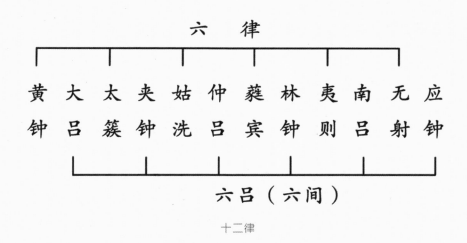

十二律

十二律的全部名称，最早出现在《国语》这部书之中。公元前 522 年的时候，周朝的周景王因为要铸造无射钟，所以就向乐官伶州鸠请教有关音律的问题，伶州鸠就一口气说出了十二律的名称，还给周景王解释了这些音律与数之间的对应关系。不过，对于十二律的起源问题，目前还没有定论，有人认为是来自于古巴比伦，也有人认为是中国古人自己研究所得。

律笛

　　与十二律对应着的，则是五声或者七声。五声，其实就是"宫、商、角、徵、羽"；七声，就是在五声的基础上，增加了"变徵和变宫"。十二律，相当于现代西方音乐之中所说的音名，而五声或者七声，则相当于是音阶的名字。相邻的两个音阶之中，包含了一个、两个或者三个律。

　　十二律也好，五声或者七声也罢，在古人看来，他们应该都是很有规律的。也就是说，在古人看来，十二律之间，或者五声之间，都应该遵循某种特定的数学关系。这种关系的综合体现，就是律制。古人研究律制的时候，虽然还不知道频率这个概念，但是他们懂得利用弦的长度，即弦长之间的关系去探讨不同的律，或者声之间的数理关系。

　　三分损益律，或者说是三分损益法，是我国古代很著名的一种律制。这种律制操作起来很简单，假设先选定某一个长度为基准，然后用这个长度去乘以三分之四，也就是益一，得到一个新的长度；然后，再用这个新的长度去乘以三分之二，就是损一，又得到第三个长度；然后，再以第三个长度为基础去益一得到第四个长度，以第四个长度损一得到第五个长度，以此类推，一直这样益损下去，实现生成十二律的目的。这种方法虽然简单，但是也有相应的不足。首先，用这种方式生出的十二律并不是真正的平均律。其次，就是到了最后的时候，并不能实现圆满的循环。而对于古人来说，最希望找到的一种律制应该是通过一定的数学运算之后，从一个八度的十二律很自然地进入到另一个八度的十二律，实现和谐的循环。

探寻和谐的道路，注定不会一帆风顺。从三分损益法开始，我国古人经历了长达两千年的不懈追求之路。在这个过程中，很多优秀的律学家进行了大胆的尝试，提出了很多有见地的看法，也形成了一批颇有特色的律制。

西汉著名的律学家京房，在深入研究三分损益律不足的基础上，通过不断的推算之后，形成了著名的"京房六十律"。同时，京房在研究的过程中，还发现了律管去定律是存在缺陷的，因为制作的律管所使用的竹子很难保证粗细都是一样的，即便是外表粗细一样，竹子的内径大小也会有所区别。所以，京房提出了用弦去代替管，通过改变弦长的方式更加便利，也更加精准，可以直接将律数转化为弦长的比值。

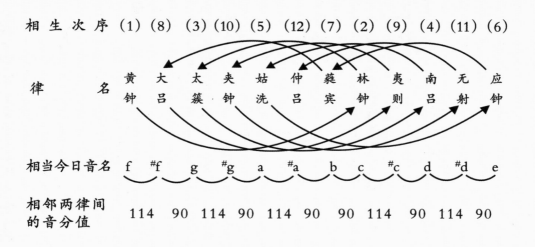

隔八相生

晋朝的荀勖，也对律制问题有过深入的研究。不过，荀勖所走的路子还是"以管定律"，他始终从管口校正入手，不断地去探索实践，在公元724年的时候制造出了一套十二支的"笛律"，也就是著名的"荀勖笛律"。荀勖的研究是非常仔细的，他所取得的成绩也是十分骄人的。虽然我们今天已经无法清晰地看到荀勖当初的推算过程，但是就从他得到的数据能够精确到小数点后面五到六位的这个事实，已经足以说明这

位 1700 多年前的先辈取得的成就是多么了不起了。

在荀勖之后，南朝时期的何承天、钱乐之、刘焯等人，也都在律制的研究方面做出了各自的贡献，取得了不同的成绩。虽然这里面既有成功也有失败，但是无论是成功还是失败，在中国乐律史上都发挥了重要的作用的，直接推动了我国古代乐律学的进步。

1596 年，中国历史上真正意义的十二平均律出现了。它的创立者叫朱载堉，是明朝开国皇帝朱元璋的第九代孙，也是一位王世子。朱载堉对当王世子并没有什么兴趣，研究乐律学成了他最大的兴趣，在这个方面他也取得了重大的成就。根据相关的资料推断，朱载堉完成十二平均律的时间大概是在 1581 年左右，也就是万历九年，当时他

朱载堉像

写了一本叫作《律学新说》的书，里面有这方面的介绍，但是相对比较简略。有关十二平均律更为详细的论述，则是出现在 1596 年的《律吕精义》之中。

十二平均律，也就是相邻律之间的频率数之差相等的律制。朱载堉的方法涉及了非常精确的数学推算，其中一个关键的计算就是 2 的十二次方根。假设正常的八度的黄钟律对应的弦长为 1 尺的话，那么比它低一个八度的黄钟律对应的弦长就是 2 尺。长度是两倍的关系，频率正好是一半。然后，将 2 开十二次方之后，得到其十二次方根 1.059463，正好对应低八度中的应仲律。将两个 1.059463 相乘，就可以得到相邻的无射律，以此类推，不断地乘以 1.059463，每乘一次，得到一律，十二次之后正好还原到 2，实现了完美的循环。与此同时，因为每一个律之间相乘的都是 2 的十二次方根，相邻律之间的频率差就都一样了，这就相当于将一个八度平均分成了十二份。

朱载堉不仅从数学的角度找到了十二平均律的定量关系，还根据十二平均律制造了世界上第一个定律器，这个定律器同时也是世界上

第一个依据十二平均律建立起来的弦乐器。除了用弦乐器制造了定律器之外，朱载堉考虑到中国古代乐器的实际情况，又用铜制的管子制造了一套律管。利用铜制的管子制造律管，自然就可以很好地避免了竹子的律管粗细不均匀的缺陷了。

朱载堉在十二平均律上的成就传播到了国外之后，得到了国外物理学家的高度肯定。其中，著名的物理学家亥姆霍兹就曾经明确提到了朱载堉的名字，并对他的成就进行了高度的评价。毫无疑问，亥姆霍兹对朱载堉的评价是十分中肯的。

朱载堉的十二律计算表

正黄钟 = 倍应钟 / 倍应钟 = $\sqrt[12]{2}$ / $\sqrt[12]{2}$ = 2^0 = 1.000 000

倍应钟 = $\sqrt[8]{倍南吕}$ = $\sqrt[8]{\sqrt[4]{2}}$ = $2^{1/12}$ = 1.059 463

倍无射 = 倍南吕 / 倍应钟 = $\sqrt[4]{2}$ / $\sqrt[12]{2}$ = $2^{2/12}$ = 1.122 462

倍南吕 = $\sqrt{倍蕤宾}$ = $\sqrt{\sqrt{2}}$ = $2^{3/12}$ = 1.189 207

倍夷则 = 倍林钟 / 倍应钟 = $\sqrt[12]{2^5}$ / $\sqrt[12]{2}$ = $2^{4/12}$ = 1.259 921

倍林钟 = 倍蕤宾 / 倍应钟 = $\sqrt{2}$ / $\sqrt[12]{2}$ = $2^{5/12}$ = 1.334 839

倍蕤宾 = $\sqrt{倍应钟}$ = $\sqrt{1^2 + 1^2}$ = $2^{6/12}$ = 1.414 213

倍仲吕 = 倍姑洗 / 倍应钟 = $\sqrt[12]{2^8}$ / $\sqrt[12]{2}$ = $2^{7/12}$ = 1.498 307

倍姑洗 = 倍夹钟 / 倍应钟 = $\sqrt[12]{2^9}$ / $\sqrt[12]{2}$ = $2^{8/12}$ = 1.587 401

倍夹钟 = 倍太簇 / 倍应钟 = $\sqrt[12]{2^{10}}$ / $\sqrt[12]{2}$ = $2^{9/12}$ = 1.681 793

倍太簇 = 倍大吕 / 倍应钟 = $\sqrt[12]{2^{11}}$ / $\sqrt[12]{2}$ = $2^{10/12}$ = 1.781 797

倍大吕 = 倍黄钟 / 倍应钟 = $\sqrt[12]{2^{12}}$ / $\sqrt[12]{2}$ = $2^{11/12}$ = 1.887 748

倍黄钟 = "黄钟倍律二尺 = 1+1 = 2 = $2^{11/12}$ = 2.000 000
……分作勾股"

隔墙有耳不足患　建筑回音传佳话

人们学会建造房子，不仅有保温保安全的目的，也有保留一份私密性的意思。隔墙有耳，意味着房间的话有被外面的人听到的可能，所以，

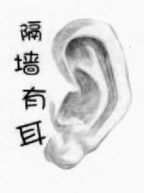

隔墙有耳

让房子有良好的隔音效果，不仅是住楼房的现代人关心的话题，古人同样也已经关注到了，而且还在这个方面做了不错的尝试和实践。

现代考古发现，早在战国时期，我国就出现了空心砖，而且把它用在了建筑之中。用空心砖砌墙，就是一种很不错的消声隔音技术。除了利用空心砖，古人还有特殊的建筑，用陶瓮砌墙，瓮口朝向屋里，屋里的声音就无法传出去了。

古人在建筑方面，不仅已经懂得了如何去消声隔音，还懂得了如何去提高室内的音响效果，或者改善乐器的音质。比如说，古人在修建琴室的时候，总会在地下埋上大瓮，实现加强音响和改善音质的目的。这里所利用的就是声音共鸣现象。

中国的建筑，历史悠久，有着丰富的文化传承。中国的古代建筑之中，能够产生神奇的回音效应的，同样不少，北京天坛、山西永济莺莺塔、河南蛤蟆塔和四川石琴，可谓是其中的杰出代表，被称为我国四大回音建筑。建筑匠人们的精心设计，让这些建筑不仅造型丰富别致，结构稳健牢固，也产生了很有意思的回音效应，无疑大大地丰富了我国古代建筑文化的内涵。

天坛

天坛里的声学效应真的非常丰富，究其原因很可能与当初它的特殊用途有直接的关系。同时，因为这个地方曾经是皇家重地，外人没有资格入内，所以对于它的声学效应的研究很晚。大约在 20 世纪 50 年代初期的时候，物理学家汤定元首先进行了初步的研究，有了一定的发现。到了 20 世纪 90 年代，黑龙江大学和哈尔滨理工大学的俞文光等人才对此进行了全面深入的研究，得到了突破性的进展，获得了丰硕的成果。

　　天坛之中，声学效应最出名的地方有四个：回音壁、三音石、对话石和圜丘。

　　回音壁是皇穹宇的围墙，高 3.72 米，直径 61.5 米。整个围墙呈规则的圆弧状，墙面十分整齐光滑，是非常理想的声音反射体。只要两个人分别站在东、西配殿的后面，面墙而立，一个人面朝北对着墙说话，声波就会被连续反射前行，一直传播到一二百米远的另一端，即使说话声音很小，也可以使对方听得清清楚楚。

回音壁

　　从主殿出来走下台阶，踏上甬路走到第三块石板，站在石板上面拍手的时候就可以听到三次回声，这块石板就是所谓的"三音石"。当然，经过更加严密的测试之后，人们还发现其实这条甬路上不仅有这样的一块三音石，还有能产生一次回音、两次回音甚至四次回音的石头，而且同样产生三次回音的石头，其实还有一块，那就是接着走过去的第五块。

天坛前的三音石提示

对话石是 1994 年新发现的一块有着神奇声学效应的石板，它就是皇穹宇前面甬路上的第十八块石板。站在这块石板上小声说话，站在东配殿东北角和西配殿西北角的人就可以清楚地听到说话声，而且十分清楚，但是这个时候说话的人和听到声音的人相互之间是看不到对方的。

圜丘上最出名的就是天心石，这块石头位于圜丘的正中央，站在上面说话的时候。声音听起来非常的浑厚，音量也变得大了很多，非常有庄重感和神秘感。究其原因，其实是因为人站在天心石上讲话的时候，发出的声音会被四周的石栏杆和地面反射回来，反射回来的声音与原声之间会形成混合叠加的效果，结果就是使得站在这里的人听到自己的声音变得更加浑厚悦耳。另外，圜

天心石

丘的地面也不是水平的，天心石所在的位置比四周要略微高一点，这样的设计也是有助于反射回来的声音与原声进行叠加混合的。

　　莺莺塔在山西永济，当地有一座普救寺，寺里面有一座舍利塔，就是它。这座塔之所以被叫作莺莺塔，却是与元代著名剧作家王实甫的传世名著《西厢记》有直接的关系，因为剧中的男主角张生当初就是寄居在普救寺里的。

莺莺塔　　　　　　　　　　　　　普救寺远景

　　莺莺塔最初建造的时间是唐代武则天时期，后来在明朝的时候又进行了一次重建，是一座空心的砖塔。这座塔最有名的声学效应就是可以产生像青蛙鸣叫一样的回声，由此而来的"普救蟾声"也成了一处特别的景致。

西厢记　　　　　　　　　　　普救寺张生初遇崔莺莺

莺莺塔蛙鸣一样的回声可是很有特点的，站在与塔不同的距离处击掌，效果各不相同。比如，站在距离塔 10 米的地方击掌的时候，能够听到回声的地方却是在距离塔 30 米的地方，而且感觉声音是从塔的顶部传出来的，就好像有一只青蛙在塔顶呱呱地叫一样；如果站在距离塔 15 米的地方击掌，听到的蛙鸣声又好像是从塔的底部传出来的，就好像青蛙又藏到塔底了；到了距离塔 20 米远的地方的时候，又可以听到从塔的顶部传来的蛙鸣声了，而且，这一次能够听到回声的范围非常大，差不多从距离塔 4 米到 100 米的范围内都可以。

普救蟾声

莺莺塔的回声效果自然是与塔自身的结构有着直接的关系。首先，塔的内部是空的，整个塔就好像一个谐振腔，能够起到很好的声音放大的作用。其次，就是塔的外檐是内凹的弧形，非常有利于声音的会聚。再者，塔越往上的时候，每一层的塔檐的弧度是不断收缩的，这样的设计有利于将反射声波会聚到一定的范围之内。总而言之，正是莺莺塔独特的内部结构和外部造型才形成了闻名遐迩的"普救蟾声"的景致。

双耳盆里鱼喷水　却把声波当水波

鱼洗

鱼洗的样子很像一只铜盆，但是比一般的铜盆多了两只耳朵。它之所以被称为鱼洗，主要是因为盆的底部刻有鱼纹图案，也有的是刻了龙纹图案的，被称为"龙洗"，名称虽然不同，但是本质上是同一种东西。

鱼洗有一种很有意思的特性，在盆里有水的时候，如果用两手快速地来回搓它的两耳，很快就能够看到水面上方喷射出水柱的现象，水柱最高的时候能够达到 60 厘米以上，同时，这个时候的水面还会出现固定的波纹。看上去，水面"波涛汹涌"，就好像有鱼儿在里面不停地跳跃一样，视觉效果非常刺激。

洗这种东西，早在先秦的时候就出现了，只不过当时的洗并没有那两只耳朵，所以也就没有了用来摩擦的地方，自然也就无法产生有意思的喷水效果了。现在我们看到的这种能够喷水的鱼洗，其实是唐朝的时候才出现，距离现在也有 1000 多年了。

鱼洗的振动是一种较为规则的圆柱形壳振动，这一点与编钟

用手来回搓鱼洗的双耳

是十分相似的。当用两个手掌去来回摩擦鱼洗的两耳时，两耳上就会发生振动，这种振动随即就传播到了鱼洗的盆壁上，然后盆壁又将这种振动传播给了水，并在水中传播起来。当双手摩擦两耳的频率合适的时候，水面就会出现稳定的驻波。鱼洗振动的波腹处，自然就是水振动得最强烈的地方，到了一定的程度，就会出现喷水的现象，同时还能够在水面

水花四溅

上形成看起来十分固定的波动图样。当然，这里面必然是涉及了波的叠加问题。

物体振动，产生声音。声音，其实正是一种波。将声音看成一种波，确实也是我国古人在声学研究方面的成就之一。不过，因为更多的时候声音是在空气之中传播的，对于空气的波动古人是无法看到的，所以，古人对声波的认识时间相对还是比较晚的。大约到了公元1世纪的时候，东汉著名的学者王充提出了一种"气"的理论，并创造性地将这种理论应用到了声音性质的研究中，进而最早提出了一种水波的理论。

王充说，普通大小（"长一尺"）的鱼在水中振动时，从水中波纹可以看出，它所产生的波动不会传播得很远（"不过数尺"）；大一些（"与人同"）的鱼，在水中所产生的波纹也不会传得太远（不会超过一里）。人的声音也可使"气"产生振动，他所传播的距离与鱼产生的波动一样，也不会传播得很远；对于声音的振动，在"气"中产生的波动也应像水波一样。

王充像

王充认为，水波与声波的形式是类似的，他的波动思想对中国声学发展具有重要的意义。

明代科学家宋应星也注意到了各种产生声波的现象，并且也把声音传播与水面波动现象做了类比，他进一步发展了王充的声波理论。宋应星认为：物体冲击大气时，就像物体冲击水面产生波纹一样。因为大气和水一样，它们都是"易动之物"。把一块石头投入水中，就会在水面产生波浪，并一圈一圈地向外展开。声波就像水波一样，只是看不见而已。

宋应星还认为，在炮弹爆炸时，炸药产生的气体在静止的大气中迅速扩展，"逢窍则入"，甚至他还注意到，"逼及耳根之气骤入于内，覆胆礲（huī，毁坏）肝"的威力。现在，炮弹爆炸的破坏作用是冲击波的作用。这样，仍可用波动的观点来说明爆炸的威力。

四、中国古代的光学成就

2016年8月16日，我国的又一颗卫星被成功地发射升空。这是全球第一颗用于量子科学实验的卫星，开创了量子通信的新纪元。这颗代表着中国强大科学实力的卫星，就是著名的"墨子号"。

墨子号

"墨子号"这个名字，是为了纪念中国古代的著名的科学家墨子。墨子是我国古代著名的思想家、教育家、科学家、军事家。作为诸子百家的他，留下了一部传世经典——《墨子》。作为《墨子》重要组成部分的《墨经》中则包含了丰富的关于力学、光学知识和现代物理学的一些基本知识。

光的直线传播特性，光的反射现象和折射现象，平面镜成像的特点，光的色散现象，小孔成像实验，等等。中国古代光学方面的成就还是非常可观的，而其中很多内容在《墨经》之中都有呈现。

墨子纪念邮票

《墨经》

光过小孔如箭矢　成就倒像更神奇

　　光学，是物理学的重要内容之一。小孔成像，则是一种生活中比较常见的光学现象，烈日炎炎下树荫中斑驳的光点，其实就是太阳经过层叠的树叶之间的空隙而形成的像。毫无疑问，光学之中的小孔成像现象，正是我国古代的物理学成就中的杰出代表。

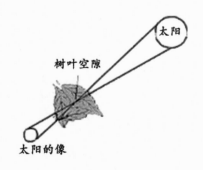

树荫下的小孔成像

　　小孔成像最早的记载就是出现在《墨经》之中。按照《墨经》里的描述，用现在的话来说：如果在一个房间朝着阳光一面的墙上挖一个小孔，人对着孔站在屋子外面的时候，房间里对面的墙上就会出现一个倒立的人影。

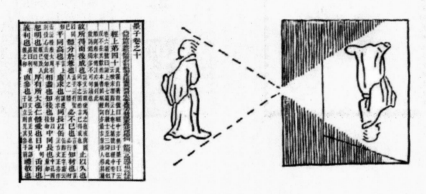

《墨经》中记载了小孔成像原理

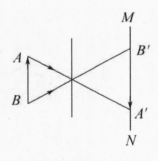

小孔成像原理示意图

　　《墨经》中不仅有关于小孔成像的描述，还有更进一步的解释。在解释这个现象的时候，墨子用到了光的直线传播特性，而且还做了一个形象的比喻，把光比作了射出的箭。他说光穿过小孔的时候，就好像箭射过一样，行走的路径是直线的；人的头部遮住的光，在对面墙面的下方形成了影子；人的脚部遮住的光，在对面墙面的上方形成了影子；如此一来，整个人在对面墙上的影子，就成了倒立的了。不得不说，墨子在《墨经》中对小孔成像的成因解释，还是非常具有科学性的，虽然，这里的人在对面墙上成的是影，但其中的道理是没有问题的。

　　《墨经》成书的时间，大约在战国后期。在此之后，我国古代还有很多的科学家就这个问题进行了研究和探索。到了宋朝的时候，著名的科学家沈括在他的传世名著《梦溪笔谈》中再次对小孔成像进行了科学的解释。在书中，沈括不仅描述了静态物体的小孔成像现象，还描述了运动物体的小孔成像现象，同时，他也将前人有关小孔成像的研究做了总结，纠正了一些错误的说法。

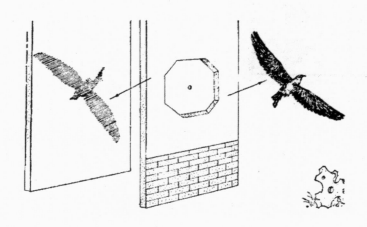

鸢飞影移（动态小孔成像）

到了清代，人们对小孔成像的解释，就更加接近现代科学的认识了。清代的郑复光引入了"光线"的概念，用以解释小孔成像的现象。他指出，当光线穿过小孔的时候，从上面射入的光线一定落到对面墙体的下方，从左边射入的光线一定落到对面墙体的右方。不仅如此，郑复光还给出了正确的"塔影倒垂"这个我国古代物理学史上著名的小孔成像现象的光路图。

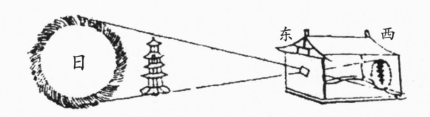

塔影倒垂

《革象新书》

我国古代的科学家们在研究小孔成像现象时，不仅有深入的理论思考，还有着很专业的实验验证。

宋末元初的著名科学家赵友钦，就曾经非常认真而专业地做过小孔成像的实验。或者说，他曾经非常严谨地用实验的手段，验证了小孔成像现象，并就此进行了深入的理论研究。赵友钦的研究，主要记录在一本叫作《革象新书》的著作之中，只不过在书中所谓的小孔成像被叫作了"小罅光景"。"罅"的本意，是指裂缝，在这里则指孔洞；"景"是文言文中的通假字，就是我们现在说的"影"，实际就是指物体所成的像。

赵友钦的小孔成像实验做得非常严谨，很好地运用了控制变量法这种场景的物理学实验研究方法。首先，他研究了不同大小的孔形成的像，得到了"宽者浓而窄者淡"的实验结论。其次，他又研究了不同大小和强弱光源的情况下形成的像的区别，得到在其他条件不变的情况下像的亮度与光源的强弱是成正比例关系的结论。再次，改变小孔与屏的距离，也就是所谓的像距，赵友钦通过实验得到了"近则狭而浓，远则广而淡"的实验结论。也就是说，当像距小的时候，形成的像比较小但是很亮，而当像距大的时候，形成的像比较大但却不是很亮。最后，就是改变光源与小孔之间的距离，也就是所谓的物距。通过这个实验，赵友钦发现物距不同，形成的像的大小就不同，物距越大则像越小，至于亮度上，并没有明显的变化。最后，赵友钦还通过改变小孔的形状，更深入地研究了小孔成像问题，甚至将小孔成像问题拓展到了大孔成像的问题。通过这些实验，赵友钦发现在小孔的情况下，无论孔的形状如何，所成的像与光源的样子是一样的，但是如果是大孔的时候，所谓的像的形状就跟孔的形状一样了。

赵友钦的实验设计，不仅严谨，而且十分巧妙。通过他的实验室布置示意图，我们就可以管中窥豹，略见一斑了。

赵友钦像

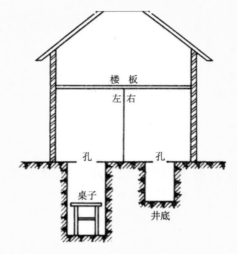

小孔成像实验示意图

为了对比，赵友钦首先将同一个房间隔成了两小间。我们可以看到，两个房间内挖的井的深度并不一样，其中深的那一个里面单独放了一张桌子，桌子的表面与浅的井底是一样的高度。如此一来，放上桌子的时候，可以实现两边的物距一样，撤掉桌子的时候，两边的物距不一样。上面的楼板，被做成平的，可以起到屏的作用，是像出现的地方。在楼板上，赵友钦还装上了长度可以改变的绳子，绳子下面悬挂着同样可以作为屏使用的平板，如此一来，通过改变绳子的长度，就可以实现改变像距的目的。至于孔的大小、形状，则可以通过盖在井口的盖子来调整。

赵友钦的小孔成像实验

不得不承认，赵友钦的小孔成像实验，真的是匠心独具，构思巧妙，

科学性极其严密。通过如此严密的实验，赵友钦得到的一些实验结论也是领先于时代的，比如改变像距的情况下得到的实验结论，就比德国科学家朗伯通过实验发现照度与距离平方反比的定量规律早了 400 年，虽然赵友钦的发现只是定性的。

以镜为鉴正衣冠　以人为鉴知得失

水面如镜

平静的水面，能够清晰地倒映出人或者物的样子。大自然中的水面，无疑是人们最早使用的镜子。后来，人们又制造了装水的容器，将水面弄到了室内，其中有一种专门用来盛水当作镜子使用的青铜器，叫作"鉴"。但是，无论是大自然之中的水面，还是室内的水面，倒影的效果并不是十分理想，而且也不是很方便，尤其是不利于随身携带。便捷式的镜子，最早的应该就是青铜镜了。早在 4000 年前，我国就已经出现了青铜镜。不过，一直到了汉朝的时候，人们才使用"镜"这个字代替了过去的"鉴"。

汉魏时期，青铜镜逐渐流行起来。早期的青铜镜一般都比较薄，以圆形的居多，周围带有凸起的边缘，背面会装饰上饰纹或者铭文，另外，在铜镜的背后中心处还会有半圆形的钮，可以用绳子将其挂在什么地方，甚至随身携带。

长满铜绿的青铜镜

无论是鉴，还是镜，其中的道理都是光的反射。

古代的时候，铜镜有时候也被称为"鉴燧"，也有的地方会把它们叫作"阳燧"。铜镜所用的铜是青铜，这是一种合金，主要的成分是铜、锡和铅。先秦时期，我国的铜镜铸造技术就已经很成熟了。人们已经充分认识到合金的成分不同，得到的铜器的性能和用途也会有差别，所以，一定要很好地控制铜、锡、

青铜镜背面漂亮的花纹

铅配比。按照《考工记》中的记载，铜镜的青铜合金配比应该是铜与锡各一半，这样的含锡量可以提高磨制后表面的光洁度。

20世纪30年代，当时的考古人员在挖掘河南安阳的殷商墓葬的时候，发现了一件圆形的，而且背面有钮的青铜制品。考古学家梁思永（1904—1954）认为，这应该是一枚古代的铜镜。但是，很遗憾的是梁思永的说法并没有得到太多的认可。40多年之后，1976年的时候，考古学家又在不远地方的另外一座墓葬之中发现了四枚铜镜，这才证明了当初梁思永的推断是正确的。后发现的铜镜后来被称为"叶脉纹镜"（现藏于国家博物馆），整个镜子是圆形的，直径约12.5厘米，厚约4毫米，重约250克。镜子背面的图案分为三个层次，也就是三圈。最外圈上排列了50余枚凸起的乳钉；中间那一圈上则是辐射状的"叶脉纹"（铜镜的名称也是由此而来的），而且还平均分成了4个区域；最里面的内圈则是一个条形钮。

叶脉纹镜

因为材质的缘故，青铜镜必须经常进行保养，也就是需要过一段时间磨光一次，才能够保持良好的反射性能。所以，在古代的时候，替人磨光青铜镜也就成了一种职业。据说，汉朝末年的时候有一个叫作徐孺

带手柄的青铜镜

子的很有名气的人。他的老师家在江夏，老师去世之后，徐孺子想去祭拜老师，但家境穷困，连前往的路费都拿不出。好在，徐孺子这个人擅长一门手艺，那就是磨镜子。于是，他就一边替人家磨镜子赚取路费，一边赶路。最后，他终于到达了江夏（今属于湖北省武汉市），达到了祭拜老师的目的。徐孺子的这种尊师品行，非常值得钦佩。《淮南子》中，记录了很多铜镜的抛光方法。一般来说，磨镜子要用到"玄锡"这种材料，"玄锡"的主要成分是水银。先把"玄锡"涂覆到镜面上，然后再使用细白的毛织物反复擦拭就行。利用这种方法擦拭镜面之后，镜面就可以清楚地显现出"鬓眉微毫"。当然，镜子保养得好，不仅提高使用的效果，还能够延长使用寿命。

我国古代的铜镜在满足实用功能的同时，还非常注重装饰性。铸造铜镜的时候，往往要采用浅浮雕、透雕、错金银（镶嵌金银丝）等工艺，让整个镜体的图案更加精美。所以，我国古代的铜镜不仅仅是一件日常用品，更是一件不俗的艺术品。古代的时候，铜镜其实也是家中的一件重要陈设，不用的时候总会用一块布把它盖好，防止灰尘落到上面，这块布也被称为"镜袱"。

与此同时，因为铜镜的艺术性的缘故，历代的文人墨客也经常会将其用到自己的诗文之中，别有一番意境。南宋大思想家和文学家朱熹就有一首《观书有感》，他写道：

半亩方塘一鉴开，天光云影共徘徊。
问渠哪得清如许？为有源头活水来。

诗中的半亩方塘，就是一处巨大的平静水面，正好起了镜子的作用，将天上移动的云彩倒映得清清楚楚。这两句自然是写景，写景的目的则是为了后两句意境的提升。

唐太宗李世民曾用铜镜做比喻，他说："以铜为镜，可以正衣冠；

太宗自省图

以史为镜，可以知兴替；以人为镜，可以明得失。"这句话已经成为流传千古的名言警句。

南宋时期，从北方转移到南方的丝织、制瓷、印刷、冶炼、造纸等行业得到了空前发展。同样的，浙江湖州和临安府（今杭州）等地所产的铜镜也闻名全国，其中以湖州铜镜更加有名，产量也高。不过，南宋的湖州镜几乎都没有什么装饰性的花纹，镜子背面仅仅刻着作坊主的姓名等内容，这种带有着几分商标色彩的铭刻形式是南宋私家铸镜的特点。南宋的铜镜的形状已经变得十分丰富，有方形、圆形、心形、葵花形和带柄葵花形等。从南宋湖州镜背面刻铸的铭文可以看出，南宋人对铜镜的称呼各不相同，有的叫作"镜"，有的叫作"监子"，也有的是"镜子"与"照子"并称，但大多的时候是叫作"照子"。

宋代的仿古铜镜也很多，其中仿汉铜镜主要有规矩纹镜、见日之光镜、昭明镜、清白镜和人物画像镜，仿唐铜镜主要有花鸟镜、双凤镜、瑞花镜和八卦镜。这些仿制的铜镜重点模仿的是纹饰。由于材质的差异，宋代的仿古铜镜与真正的汉唐铜镜还是有着明显的差别的，汉唐铜镜的表面是银白闪亮的，而宋仿古镜的铜质较软，表面发黄、滞暗无光，究其原因正是因为宋代仿制铜镜中的含锡量相对较少。不过，宋镜因为质地较软，所以倒也使得它不易破碎，现代考古发现的一些出土宋镜，虽然受压扭曲变形得很厉害，但是却并没有因此破碎掉。

明代铜镜多为黄中闪白的黄铜质，清代铜镜多为黄中闪黄的黄铜质。明代的铜镜十分注重铭文的使用，诸如"金玉满堂""鸾凤呈祥""长命富贵""状元及第"和"五子登科"等铭文，都充满吉祥的寓意和愿望的词语。

清朝乾隆时期，有一位叫薛惠公的铸镜工匠，杭州人，因为湖州水好，

就迁居到了这个地方铸镜，同时还开
了一家销售铜镜的店铺。薛惠公的祖
上也是铸镜名家，明朝就以铜镜铸造
精良、品质上乘而声名远播。薛惠公
迁居湖州之后，更是让薛家的铸镜技
术达到了登峰造极的程度。"薛惠公"，
也成了当时铜镜制造界一个响当当的
名号。

"薛惠公"镜

镜镜组合影像多　镜能透光更神奇

我国古代的青铜镜大部分是平面镜，在我国出现的历史已有四千多
年。人们在使用平面镜的同时，也逐渐认识到了平面镜的一些特点，这
其中墨家的认识和研究是最为深入的。

对于平面镜成像的特点，墨家得到了以下的一些认识：

第一，如果把平面镜放在人面前的水平地面上，人直立站在旁边，
双方之间成垂直的关系。这个时候，人在镜子里的像就是倒过来的，也
就是头在下面，脚在上面。

第二，镜子里面能够出现的物体的像其实很多，但是站在镜子前面
的人却只能看到很少的这些像，其中的原因主要是因为镜子的镜面太小。

第三，镜子前面的物体和它在镜子里面所成的像，两者到镜子的距
离是一样的。

墨家对平面镜成像的研究与分析，使他们认识到，不仅仅物与像离
镜面是等距的，物与像的对应关系还应该是点点对应。

在认识到平面镜成像特点的同时，古人还在不断的实践之中懂得如
何将几面平面镜组合起来使用，得到意想不到的效果。汉朝人刘安就曾
经和他的门客们提出了一个奇妙的设想：

图中光滑的地面相当于墨家观点一中所说放在水平面上的镜子

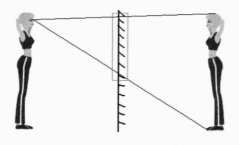

如果镜子的长度小于图中红色部分的长度，那么人就看不全自己在镜子里的像，正如墨家观点二所说

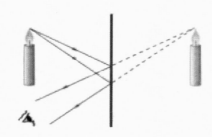

平面镜成像：物体和像到镜子的距离相等，墨家观点三所说

　　取大镜高悬，置水盆于其下，则见四邻矣。

　　这种结构简单的装置，其中涉及的就是潜望镜的道理，可以说刘安等人提出了世界上最早的潜望镜的设计方案。虽然，这还只是用到两面镜子的简单组合而已。

　　将两面平面镜组合起来，不仅可以实现潜望镜的功能，还可能出现一些意想不到的现象。关于这一点，隋唐时期有一个叫作陆德明的人就曾经做过观察，他将两个平面镜平行相对地放着的时候，立刻就从两个镜子之中看到了无数的物体影像。用陆德明的原话来说，就是"鉴以鉴影，而鉴以有影，两鉴相鉴，则重影无穷"，为此这两个镜子还被取了一个有意思的名字，叫作"日月镜"。如果把这样的两面镜子放在一朵花的两侧，立刻就可以看到镜子里出现无数的花，形成了"照花前后镜，花花交相映"的景象。

　　其实，比隋唐时期更早的晋朝的时候，著名的学者葛洪还曾经提到过一种"四规镜"。所谓"四

073

多面镜子组合形成了迷宫的效果

规镜"，就是在房间四面都装上镜子，这样人在房间之中的时候就会从镜子里面看到许许多多的像，而且都是自己的样子。估计，当时的人们看到这样的景象，一定会感到很惊讶的。

另外，据说唐朝的时候，一些寺庙往往会用这种办法营造出一种神奇的景象来。僧人们在寺庙的墙壁上布置一些镜子，在烛光的照耀下，佛像在镜子之中的像经过这些镜子的反复反射之后，就可以形成众多的（佛）像呈现的场面，就好像到了一个佛（像）的世界。这样的环境，对佛教信徒的影响无疑会很大。

正常的镜子，都是靠着镜面的反射实现照人形象的作用。但是，在我国青铜镜发展的过程之中，智慧的古人们却制造出了一种神奇的"透光镜"。

透光镜大约出现于西汉的早期，当时留下的古籍之中是能够看到有关它的记录和描述的。这种镜子确实很神奇，那么它的神奇之处到底在哪里呢？这里，可以用一个简单的演示实验进行一下展示。将一面透光镜的镜面对着太阳光，调整一下镜面的角度，让太阳光经过镜面反射之后可以投影到旁边的墙面上，这个时候我们就会意外地看到在墙面上居然出现了铜镜背面的图案。镜面的反射光在墙上，却把镜子背后的图像呈现了出来，这确实够神奇的，就好像是光穿过了镜子；经它背后的图案反射后再通过镜体，然后再投影到了墙上一样。透光镜的名头，就是这样来的。

上海博物馆中就珍藏着两枚汉代的透光镜。其中一枚镜子的镜面微微凸起，背面的中央有一个外鼓着的圆钮。此外，这面镜子背后的图案之中还有一圈铭文，写的是"见日之光，天下大明"。所以，这面铜镜后来也就被叫作了"见日之光"镜。科研人员用这面"见日之光"镜做了实验，发现无论是用太阳光，还是直接用手电光照射，都能够观察到一样的情况，反射光投影到墙上的时候，镜子背面的图案都显现了出来。

透光镜的神奇之处，其实早在北宋的时候就已经被一些人注意到了，比如大科学家沈括对此就有所研究。他把他的研究成果和观点都记录在了《梦溪笔谈》这本书里面。他注意到"世有透光鉴，鉴背有铭文，凡二十字，字极古，莫能读。以鉴承日光，则背文及二十字皆透在屋

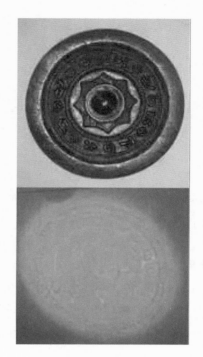

西汉青铜透光镜

见日之光的效果图像

壁上，了了分明"。

对于透光镜的成因，古人也提出了多种不同的看法，其中最主要的有两种。

首先是沈括，他不仅记录了透光镜现象，还尝试着对透光镜的成因进行了解释。他认为透光镜之所以会出现那样的现象，是因为当初铸造铜镜的时候，背后有图案的地方相对比较厚，所以冷却的速度会慢一些，最后厚度的收缩也就较小；那些没有图案的地方，相对比较薄一些，冷却的速度就会快一些，导致的结果就是厚度的收缩较大。所以，如果仔细去看一下镜子的表面，就会发现其实在镜子的表面上是有着与背后图案相对应的痕迹的，只不过这种痕迹非常细微，当有光照射镜面的时候才会在反射光之中清晰地显示出来。沈括的这种"鉴面隐然有迹"的观点对后世的影响很大。像清朝中期的科学家郑复光（1780—约1853）在解释透光镜成因的时候，就十分支持沈括的观点。

沈括的观点自然只是一家之言，有人对沈括的观点就持有不同的看法。比如元朝时期一个叫作吾衍的人，他就认为透光镜的成因是采用了一种叫作"补铸法"的铸造手法的缘故。吾衍说："假如镜背铸作盘龙，亦于镜面窃刻作龙如所状，复以稍浊之铜填补铸入，削平镜面，加铅其上，向日射影，光随其铜之清浊分明暗也。"在吾衍的观点之中，他认为透光镜之所以能够出现那样神奇的现象，就是因为镜面上不同的地方用了不同质地的铜，这些铜对光的反射效果不一样，结果就会在投影之中出现相应的图案。明末清初的物理学家方以智支持的就是吾衍的这种说法。

那么，上述关于透光镜成因的两种观点到底哪一种是正确的呢？

明朝的时候，透光镜流传到了日本，日本人把这种镜子叫作"魔镜"。19世纪的时候，透光镜又经由印度流传到了欧洲各国。1844年，法国物理学家阿拉果（1786—1853）把一枚透光镜赠送给了法国科学院，引起了欧洲科学界的广泛关注。随后，一些科学家陆续对透光镜进行了深入的研究。只是，没有想到的是，研究结果却是沈括和吾衍的观点都有合理的地方，都赢得了一批支持者。其中，日本人是吾衍和方以智的观点的支持者。

1964 年，在日本东京举行的一次国际会议上，日本人展示了他们的研究结果，也就是他们根据吾衍的观点成功复制出来的透光镜，效果还是比较理想的。1975 年，复旦大学和上海博物馆合作，利用沈括和郑复光的方法也成功地复制出了透光镜。借助现代的仪器测定，大家发现透光镜"透"花纹处的收缩情况与其他地方的收缩情况确实是不同的。

两种方法的复制品都取得了成功，那么历史上我国古人制造的透光镜到底采用了何种方法，依然是值得探讨的问题。或许，两种方法兼而有之！

武帝哀思何所寄　以影为戏故事多

有光，就免不了有影子，只要光遇到障碍物，就会形成影子，所以，研究光学问题就免不了要研究影子的问题。自然界中的日食和月食现象，就都是与影子有着直接关系的天文现象。

我国古人认识影子的历史更是非常的悠久，例如，青海大通县上孙家寨出土的舞蹈纹陶盆，盆内侧面的拉手人物像

影戏

就是以影像为造型的，匠人像临摹的应该是逆着日光所看到的、远处地平线上的几个翩翩起舞的人影。利用影子，我国的古人甚至创造出了一种独具特色的艺术形式——影戏。

影戏，又被叫作"灯影戏"，是中国一种传统的戏曲艺术形式。手影戏、纸影戏和皮影戏，是影戏常见的三大类型。表演影戏，自然少不

了灯光、幕布、背景音乐以及演员手中操控着的各种皮影人物。表演的时候，那些皮影人物的影子出现在了屏幕上，在幕后演员的操控下做出各种动作，演绎着某个故事。可以说，影戏是一种集绘画、雕刻、音乐、歌唱、表演于一体的综合艺术。皮影人物，可以是皮质的，也可以是纸质的，所以，剪纸这门艺术向来与皮影之间有着密切的关系，陕西人就把皮影戏叫作"隔纸说书"。唐朝的时候，一些佛教人士就曾经利用纸影的形式，用活动纸人的图像来宣扬佛教故事，那种方式被叫作"纸影演故事"。

皮影人物

手影戏和纸影戏只是影戏的雏形，发展得相对不是很成熟，只有皮影戏在用光和形象设计方面都非常的成熟。一般认为，皮影戏应该起源于西汉。传说，在汉文帝的时候，幼年的太子刘启常常啼哭不止，弄得皇宫里的众人苦恼不已。有一天，一个宫女偶然发现，当小太子盯着窗外树叶投在地上的影子的时候，就会表现得十分安静，一点也不哭不闹，而且还表现得非常高兴。受到这个启发，宫女们就用树叶剪成各种人形、动物的道具，再用烛光将它们的影子投射到白布上去哄着刘启，结果效果特别的好。后来，因为树叶很易干枯，过两天就要重新弄一批，很是麻烦。于是，宫女们就用牛皮作为原材料，制作了一批道具，就这样皮影产生了。还有一个与皮影有关的故事，也是发生在汉朝。当时，汉武帝因为思念刚刚去世的李夫人，茶不思饭不想，整个人都变得憔悴了很多。大臣们为了能够让汉武帝尽快恢复过来，就开始想各种办法。这个时候，一位名叫李少翁的"方士"自告奋勇地站了出来，说他有办法能够让汉武帝看到已经逝去的李夫人。于是，李少翁就"夜张灯烛，设帷帐"，然后让汉武帝只能在另一个帐幕之内远远地看帷帐上出现的影像。这个时候，李少翁特别挑选的一位长得很像李夫人的"好女"，模仿李夫人的坐相和步态，做出相应的动作，而这些动作自然就投影到了帷帐之上。由于影像很传神，加上看到的又只是投影，汉武帝真假难辨，倒是借此消解了相思之苦，终于从失去爱人的痛苦之中走了出来。李少翁利用帷帐投下的影像，已经具备了影戏的雏形。

手影

从上述的传说和故事不难看出，影戏的起源，与刘启和刘彻父子俩应该有一定的关系（"影戏之原，出于汉武帝"），由此说明，在汉代就有了皮影。难怪在陕西民间皮影艺人传说："汉妃抱娃门前耍，巧剪桐叶照窗纱，文帝治国安天下，礼乐传入百姓家。""陕西皮影戏历史悠久，西安则是中国皮影的发源地。"

到了北宋的时候，皮影戏在我国就已经很流行了，每当节日的时候，在很多的地方都会搭起一个个的小戏棚子，专门就用来表演"影戏"。当然，最喜欢皮影的还是小孩子们，"每有放映（影），儿童喧呼，终夕不绝"。除了孩子们，成人其实也是很喜欢看影戏的，而且有的时候还会看得很投入，"每弄至斩关羽，辄为之泣下，嘱弄者且缓之"。

南宋的时候，那些表演影戏的艺人们也一起逃难到了江南之地，先

影戏《西游记》

后到了湖北、湖南、广东、广西、安徽、浙江、江苏等地方。于是，从元明时期开始，我国的各个地方就都出现了皮影戏。这些皮影戏与当地的文化结合在了一起，形成了地方特色，如陕西皮影、唐山皮影、北京皮影、湖北皮影、四川皮影、云南皮影、东北皮影、湖南－广东皮影等。元朝的时候，皮影的流传其实是非常广泛的，它随蒙古人的征战传播到了南亚，就像一位波斯历史学者说的那样："当中国成吉思汗的儿子在位的时候，曾有演员来到波斯，能在幕后表演特别的戏曲，内容多为中国人的故事"，这就是影戏。

影戏，利用了光遇到障碍物产生影子的道理，实际上就是应用了光的知识进行影像的创作活动，这一点上倒是与今天的电影有一定的相似性。甚至有人认为，影戏甚至可以看作有声电影的鼻祖。当然，这或许有夸大的意思，但是就影戏来说，它肯定是光学应用技术的产物，是将光源、影像和屏幕组合起来以构成光影艺术的活动。从技术角度来看，电影与影戏的主要区别体现在两个方面：第一，电影是投映在银幕上的实像，影戏却是投在屏幕上的阴影；第二，电影的画面是间断的，它的连续视觉影像是靠视觉暂留现象造成的，但是影戏本身就是连续的。

电影胶片

由此可见，皮影戏不但历史悠久，传播范围广，而且对于人们的生活更有着很大的影响。

登封量天尺

对于影子的妙用，除了皮影戏之外，就要算是一种古老的计时装置——日晷了。最早的时候，古人还很形象地把日晷叫作"量天尺"。河南省登封市告成镇现存元代的一个观星台遗址，它台高约 9.5 米，台下就有一个长约 31.2 米南北向的"量天尺"，它其实就是一个大型的日晷，也是当时很先进的计时建筑。

日晷，本义是指太阳的影子。现代的"日晷"指的是人类古代利用日影测得时刻的一种计时仪器，又称"日规"。其原理就是利用太阳的投影方向来测定并划分时刻，通常由晷针和晷面组成。

日晷

我国古代也用日晷计时。在北京故宫博物院的几个大殿里还保留着古代的日晷，它们是直径约 30 到 60 厘米的石刻圆盘，盘面朝南，与水平面成一个角度。盘子正中央直立着一根长针，盘的周围有许多刻度。

当太阳光照在这个日晷上时，长针的影子就像现在钟表的指针一样指到相应的刻度处，从而反映出一天中时间的变化。

海市蜃楼出奇景　七彩虹桥天边来

"海市蜃楼"这种神奇的自然现象也与光有着直接关系，是一种大气光学现象。中国古代关于这方面的记载，确实是非常丰富的。据说，在西周的时候，就已经有专门负责观测和记录海市蜃楼的官员了。

我国古代文人墨客的诗词之中，有关海市蜃楼奇景的描写也是非常的生动精彩。比如宋代的大诗人苏轼就曾经下过一首叫作《登州海市》的诗：

东方云海空复空，群山出没月明中，荡摇浮世生万象，岂有贝阙藏珠宫。

在这首诗中，苏轼不仅描写了海市蜃楼奇景的特征，还大胆地对海市蜃楼来源的传统说法进行了大胆的质疑和否定。因为，海市蜃楼之所以会拥有这个名字，正是因为古人认为这种奇景的出现是一种叫作"蜃"的海洋生物吐气形成的。苏轼的"岂有贝阙藏珠宫"正是对这种说法的断然否定。

宋代的大科学家、科普作家沈括在他的传世名著《梦溪笔谈》中，也有对海市蜃楼奇景的描述和对奇景成因传统认识的质疑，倒是与苏轼不谋而合。沈括写道："登州海中时有云气如宫室、台观、城堞、人物、车马、冠盖，历历可见，谓之'海市'。或曰：'蛟蜃之气所为。'疑不然也。"登州就是现在

海市蜃楼

的山东蓬莱市，这个地方确实是海市蜃楼奇景经常发生的地方，在天气条件合适的情况下，也是能够看到这种神奇的大气光学现象的。

到了明朝的时候，大家对海市蜃楼的形成原因就有了更加深入的思考。比如明朝一个叫作陈霆的人，他就认为海市蜃楼中的"城郭人马之状"是太阳光与蒸发起的水汽和大气相作用的结果，需要的条件还是比较苛刻的，所以也只是"偶尔"才会出现。虽然陈霆自我感觉难以解释得特别清楚，但是他始终坚持认为海市蜃楼只不过是一种"变幻"而已，不是真的。而且，陈霆还提到所谓的"海市"一定是与那些海岛在大气中的成像有关，这里提到的那些海岛指的就是山东蓬莱附近的那些岛屿。另外，当时和陈霆有着同样的认识的还有一个叫作张瑶星的人，这个人也觉得海市蜃楼奇景的出现与登州（就是现在的蓬莱）附近的岛屿有关系。张瑶星的这个看法，是出现在明朝末年的物理学家方以智的《物理小识》这本书里的。方以智认为，陈霆和张瑶星关于海市蜃楼的观点都是很好的。后来，方以智的学生揭暄在给《物理小识》作注的时候更是进一步地明确指出："气映而物见。雾气白涌，即水汽上升也。水能照物，故其气清明上升者，亦能照物。"揭暄所说的"气映"，其实就是类似于"光的反射"的概念。很显然，从这里不难看出，到了明朝末年的时候，人们已经开始懂得利用光学的原理来解释海市蜃楼现象，甚至，当时揭暄等人还用了图示的方法进行辅助说明。

海市蜃楼

明朝的时候，一个叫作谈迁的人，还对海市蜃楼现象做了专门的搜集整理，得到了十多条相关的记录，其中关于"海市蜃楼"奇景的称呼也是各不相同，有诸如"海市""城郭气""卤城影""地镜水影"和"水晶宫"等。谈迁在搜集资料的时候发现，其实除了蓬莱之外，山东的其

沙漠蜃景

他地方比如济南、汶上、东阿、景川和恩县等也是有很多关于海市蜃楼奇景出现的相关记录。甚至，在山东以外的地方，比如山西的繁峙、河北的钜鹿、安徽的灵璧和霍邱、河南的荥泽和浙江的海盐等地方，也都有着这方面的记录和描述。

不过，我国关于海市蜃楼奇景的描述或者记载，比较多的属于海边蜃景。其实，海市蜃楼除了海边蜃景之外，还有一种是沙漠蜃景。这两种蜃景的成因是一样的，但是出现的景象却有明显的区别，一般来说海边蜃景里面的景象都是正立的，而沙漠蜃景里面的景象都是倒立的。

中国人关于沙漠中的蜃景的记载并不是很多，这大概是因为沙漠确实不是人类适合生存的地方，所以即便是这里会发生类似于海市蜃楼的奇景，也很少会被人看到。大名鼎鼎的唐朝高僧，也就是《西游记》中唐僧的原型——玄奘

玄奘——《西游记》唐僧的原形

法师在他的《大唐西域记》中就曾经有过相关的记录和描写。《大唐西域记》记载了玄奘亲身经历和传闻得知的138个国家和地区、城邦，包括现在中国新疆维吾尔自治区和中亚地区、阿富汗、伊朗、巴基斯坦、印度、尼泊尔、孟加拉国、斯里兰卡等地的情况。当时，他走到玉门关的"五烽"的时候，就看到了神奇的沙漠蜃景。开始的时候，在沙漠中行走的玄奘在只能看到"骨聚马粪"这种沙漠之中常见的实际景象，但

是突然之间他眼前的景象就发生了神奇的变化，"军众数百队，满沙碛间，乍行乍止"。这些军人虽然离他很远，但是他却能够看得很清楚，而当这些军人逐渐靠近他的时候，又慢慢地消失不见了。

玄奘西游路线图

援引西方光学对海市蜃楼现象进行解释，已经是 19 世纪的事情了。1853 年，张福僖与英国传教士艾约瑟合译《光论》，将西方的光学知识比较系统地引入了中国。这本书里面，两人就花了很大的篇幅对海市蜃楼现象进行了介绍和解释，还配上了插图加以示意说明。后来，1876 年的时候，赵元益与英国传教士金楷理合译的英国科学家丁铎耳的《光学》一书之中也有关于海市蜃楼现象的介绍，不过相对有些简单。

相对于海市蜃楼，彩虹就是一种比较常见的大气光学现象了，雨后彩虹，非常的美丽。毫无疑问，中国古人很早就注意到了这种大气光学现象，而且进行了非常认真的观察和记录，比如记录彩虹出现的方位和时间、虹与太阳的相对位置关系等等。如《诗经》中"朝隮于西，崇朝其雨"的描写，更是注意到了彩虹与雨后初晴的关系。

我国古人对于彩虹可不仅仅只有描述和观察，更有对其形成原因的深入思考。

唐代有一名叫作孔颖达（574—648）的著名学者，他就提出了一个关于彩虹的非常科学的解释。他说："云薄漏雨，日照雨滴则虹生。"这句话的意思是说，从云的缝隙中射出的光线照在雨滴上就形成了虹。

同样还是在唐朝的时候，有一位很有名气的道士叫张志和（约730—810），他不仅认识到"雨色映日而为虹"，还做了一个著名的演示实验，即"背日喷乎水成虹霓之状"，也就是背着太阳的方向喷水形成彩虹。可以说，张志和的这个实验是第一次用实验的方法去研究彩虹。张志和的实验将人们对彩虹的研究提升到了一个新水平，更具有了科学性。张志和的实验一点都不复杂，所以，这个实验很快就成了一种有意

彩虹

思的游戏被推广了开来，据说，后来就连长安的孩子们都能够轻松地演示出这种"背日喷乎水成虹"的现象了。现在，在一些绿地或花坛里用喷灌器喷灌浇水的时候，喷出的水雾在阳光照射之下常常就能出现彩虹显现的景象。

北宋的沈括也曾经对彩虹的成因进行过解释，他在出使契丹的时候，走到了辽河附近，正好赶上了雨刚刚停下，天空出现彩虹的景象。于是，沈括注意到天上的彩虹"自西望东则见"，反方向看的时候却"都无所睹"。为了解释这

彩虹

个现象，他引用了一位同时代科学家孙彦先的话："虹乃雨中日影也，日照雨则有之。"这个解释比英国科学家罗杰·培根（约1214—1293）的类似见解要早200多年，至于彩虹更科学的科学解释却是17世纪才提出的。沈括虽然不是自己解释了彩虹的成因，但是他却发现了彩虹出现的条件，那就是：彩虹的位置必然与太阳相对。

北宋的学者蔡卞（1058—1117）也曾经探讨过彩虹成因的问题，他认为云彩漏过太阳光之后照射在雨滴上，就能产生彩虹。蔡卞也仿照张志和，"以水喷日，自侧视之，则晕为虹霓"。同时，蔡卞还观察到了彩虹与太阳的位置关系，他发现彩虹"朝阳射之则在西，夕阳射之则在东"。

到了明朝的时候，儒学大师朱熹（1130—1200）对彩虹有着更为详细的思考，他指出：彩虹的出现是因为"雨气至是已薄，亦是日色散射雨气"。朱熹的解释之中，已经明确地提到了散射的概念，这确实是很有价值的。

小儿辩论难圣人　峨眉宝光名胜地

大气光现象，除了海市蜃楼和彩虹等之外，其实还有很多。地球独特的大气环境，配合着得天独厚的太阳光，给人类演绎了无数精彩的光学现象。眼见未必为实，同样也是大气光现象的表现之一。

清晨，红日东升，人们看到的那红彤彤的太阳感觉又圆又大，但是此时散发出来的光却没有丝毫的灼热感。等到中午烈日当空的时候，太阳似乎又变小了很多，但是却给人温暖的感觉，到了夏天的时候，更是酷热难当。同一个太阳，为何在同一天里看起来大小会有变化？给人的温度感觉，也有那么明显不同？这个问题，可谓古已有之，而且，甚至连圣人孔子都被这个问题给难住了呢！这个著名的"两小儿辩日"的故事，记录在了古籍《列子·汤问》之中，据说是战国时期思想家列子创作的一篇散文。原文是这样说的：

小儿辩日图

孔子东游，见两小儿辩斗，问其故。

一儿曰："我以日始出时去人近，而日中时远也。"

一儿以日初出远，而日中时近也。

一儿曰："日初出，大如车盖，及日中，裁如盘盂。此不为远者小而近者大乎？"

一儿曰："日初出沧沧凉凉，及其日中如探汤。此不为近者热而远者凉乎？"

孔子不能决也。

两小儿笑曰："孰为汝多知乎？"

这就是著名的"两小儿辩日"故事，故事之中两个小孩判断太阳距离人们远近的依据都是真实的，都是人们日常能够看到和感觉到的现象。但是，偏偏依据司空见惯的现象得到的结论却是完全相反、自相矛盾的。 这个问题连圣人孔子都不能给出正确的解释，还因此受到两个乳臭未干的小家伙的嘲笑。

"两小儿辩日"故事里面提到的那些现象，其中就有与大气光学现象有关的。所以，我国古代的一些学者，也在不断地尝试着从不同的角度去对上述的现象进行解释。比如，我国汉朝的学者桓谭（约前23—56）就认为，太阳到达天顶的时候与人们之间的距离要比位于地平线上的时候要远一些。

日出

如果说桓谭的观点还带有几分主观色彩的话，东汉王充（27—100）的观点就更具有科学性了。王充在解释为什么早上的时候太阳看起来大，正午的时候太阳看起来小的现象时，用到了不同亮度之间对比的视觉效果差异性，他说："日中光明，故小；其出入时光暗，故大。犹昼日察火光小，夜察之火光大也。"意思是说在中午的时候天空本身就很亮，所以当时的太阳看起来就显得小；而在黎明和黄昏的时候，由于太阳四周的背景亮度比较暗，所以太阳看起来就显得大一些。为了证明自己的说法是正确的，王充在这里还使用了类比论证，他说这个现象就好像一

正午的时候太阳看起来小

个同样的火把，在白天看的时候上面的火光就比较小，而在夜间看的时候就显得很大。

关于"两小儿辩日"之中出现的现象，汉朝的科学家张衡（78—139）还有一种观点。首先，张衡认为不管是白天或黑夜，太阳和大地之间的距离是一样的。但是，之所以出现早晚的时候太阳看起来大，正午的时候太阳看起来小，其实是因为不同的时候太阳所在的背景的明暗程度不同，造成了一种"视错觉"效果。用张衡的原话来说："日之落地，暗其明也。由暗视明，明无所屈（通"缺"），是以望之若大。方其中，天地同明，明还自夺，故望之若小。火当夜扬光，在昼则不明也。"张衡的说法很形象，而且最后还用了一个非常常见的例子进行了类比论证，

小小的火苗，夜色之中的时候是非常醒目的，但在白天，看起来就没有那么明显了。张衡把早晨和中午太阳大小的变化认为是一种因为背景不同引起的视错觉。

烈日当空

到了晋朝的时候，学者郭璞（276—324）在解释"两小儿辩日"中太阳不同时候大小不一样的问题时，开始考虑到了大气对太阳光的影响问题。他认为黎明和日落时的太阳之所以显得更大一些，是因为大气使得太阳看上去显得有些朦胧和模糊的缘故。从郭璞之后，人们再去思考类似问题的时候，就都开始有意识地考虑到大气对太阳光的影响这个因素了。

一般来说，造成眼睛视错觉效果的因素有以下几种：

光渗作用

如右图所示，*A* 和 *A'* 是两个等大
的圆形，但是我们看起来的时候，却
总觉得黑色的圆形 *A'* 比白色的圆形 *A*
要略大一些，这就是光学上所谓的"光
渗作用"，即深色的东西有较强的视
觉扩张感。张衡的观点差不多就与此
有一定的关系。

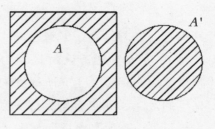

光渗作用示意图

视天穹效应

如下图所示，当人们站在旷野之中放眼远望的时候，万里晴空就像
一只大碗倒扣在大地之上（这就是我国古代盖天说的基本认识），这
个倒扣着的大碗就被称为"天穹"。在黎明和黄昏时分遥望天际，"天穹"
和大地的交点与观察者所处的位置连成了一线，这条线就叫作地平线。
视觉效果上，观察者通常会觉得地平处的天与自己间的距离比天顶处
的天与自己间的距离更遥
远，视觉效果上的"天穹"
就是所谓的"视天穹"。
太阳（月亮也如此）在天
穹上任何位置处的大小都
是相同的，但在视天穹上
的不同位置处的大小却是
不同，接近地平时显得更
大些。桓谭的观点，差不
多就是这个意思。

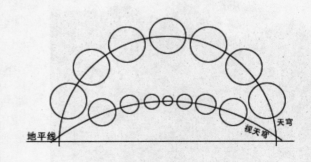

视天穹效应示意图

相对感觉造成的错觉

如右图所示，圆形图案 A 与 A'
其实是一样的大小，但看起来的感觉
却是 A' 要大一些，这就是因为相对
感觉造成的错觉。王充所提到的不同
亮度的对比，其实就与此有类似的地
方。另外，黎明与黄昏时候的太阳因
为只占据了天空的一角，还有着地面
上那些较小的树木房屋作为衬托，所

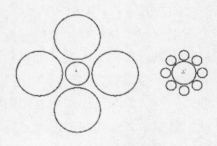

视错觉示意图

以当时的太阳就会显得比较大；而到了中午的时候，太阳处在天顶，衬
托它的背景是广阔的天空，自然，这个时候的太阳就显得较小了。

"两小儿辩日"中所涉及的，不仅仅有大气光学相关的现象，还有
其他的一些因素。古人的研究，虽然未必真正触及了相关问题的关键，
但是，古人的思考和研究却给了我们很多的启发。这种精神和态度，正
是我们应该继承和发扬的。

峨眉金顶

如果说"两小儿辩日"是
一个典籍里的故事引起的科学
研究，那么，自然界之中还有
很多神奇的自然现象，更是引
发了无数的关注和科学的思考
与探究。

峨眉山是中国四大佛教名
山之一，位于四川，是一处旅
游胜地。峨眉山上，有一个著
名的自然奇景，那就是"峨眉
宝光"，又被称为"金顶祥光"
或"峨眉佛光"。

古人对于峨眉宝光的描写有很多，但是其中最为精彩的应该是南宋
诗人范成大（1126—1193）在淳熙四年（1177）登峨眉之后，所写下的

游记。当地人告诉范成大，通常"佛光"（"佛现"）会出现在中午前后，但是当天他到峨眉山的时候已经是下午四五点了，所以"佛光"是不可能再出现了。但是，就在范成大等人准备回房舍休息的时候，却突然看到很多匆匆而去的行云，这些行云到了一处叫雷洞山的地方就停下了一部分。与此同时，在云头就

峨眉佛光效果

出现了"大圆光"，它形成数重彩色的晕。当时，范成大他们正好与这些"晕"的位置是相对的，所以他们还看到了光晕中间有一些幻影。大概一碗茶的功夫之后，"大圆光"消失了，但随即在"大圆光"的旁边又出现同样的光，不过又很快就消失了；紧接着的，则是两道金光照射到了岩石上。然后，天就渐渐黑了下来。当地人告诉范成大他此时所看的这种"佛光"称为"小现"。

神奇的佛光奇景

第二天，范成大又上了一趟峨眉山，自然是希望能够看到真正的峨眉佛光。结果，他还真的如愿以偿了，而且不仅看到了所谓的"大现"景象，还看到了极其难得的"清现"景象。范成大的记录非常详细，他说自己在祈祷的时候，突然就看到周围大雾起来了，周围到处都是白色的雾气。一会儿之后，天开始下起大雨来，雨一下大雾就消失了。峨眉山上的和尚把这种大雨称为"洗岩雨"。和尚还告诉范成大，马上就会有一种更加壮观的"佛光"出现，这种"佛光"就是所谓"大现"景象。果然，时间不长，云气就布满岩石之下，然后又上升到大的岩石之上好几丈高。在高处往下

看的时候，只见"云平如玉地"。这个时候，天上不时地落下一些雨点。也就在这个时候，"大现"奇景出现了，比范成大前一天看到的更加恢宏的"大圆光"平铺在平平的云上，向外扩散，足有三重。每一重之中，都有青黄红绿的颜色，但是"大圆光"的正中却是透明的。同时，范成大还注意到，在"大圆光"出现的时候，人还能够从中看到自己的形象，就和照镜子一样。而且，每一个人从自己所处的位置上看的时候，都只能看到自己的形象，人们举手投足，"影皆随形，而不见旁人"。和尚说，

范成大

这是"摄身光也"，非常罕见，是比"大现"景象还要难得见到的"清现"景象。

佛光光晕，所谓的摄身光

范成大的描述，是极详细的。不仅如此，他对佛光的形成条件也进行了论述，这对今人的研究还是有着很大的参考价值的。

对于"佛光"出现的条件，范成大认为，天"必先布云，所谓兜罗绵世界"。"兜罗绵世界"就是云海。所以，"佛光"的出现与一定的气候条件有关。

"佛光"并非峨眉山独有的奇景，其他地方也有类似的现象。如四川夹江县的伏龟山，峨眉山西面洪雅县的瓦屋山以及山东泰山、江西庐山和南京北极阁等地都有"佛光"之类的大气光象出现。

"佛光"成因，其实正如范成大分析的那样，离不开特殊的云雾条件。太阳光在特殊的云雾环境之中，经过厚云层的反射和云雾之中液滴的折射（这一点应该与彩虹的形成原因类似）等一系列的光学变化之后，正好就形成了这种自然界中的奇景。本质上，"峨眉佛光"就是一种大气光学现象。

五、中国古代的热学成就

　　古代的热学，主要涉及对各种冷热现象的认识和探索。中国古代的热学，主要涉及对火的认识与有效利用、各种灯具的发明制造、热空气的应用等等。

人工取火方法多　各有巧妙令人叹

火堆

　　关于火的使用，在前面曾经简单地介绍了一些，事实上，我国古人使用火的历史真的是非常悠久的。中国人使用和掌握火的历史可以追溯到170万年以前，"元谋人"遗址之中存在的大量炭屑和烧烤过的骨头就是最好的证明材料；同样，生活在50多万年前的"北京人"的洞穴之中，也发现了几米厚的灰烬层，这也是古人用火的直接证据。

　　火的利用与人类的生产过程有着密切的联系，对推动人类生产技术的进步也有着重要的作用。人类最早盛放物体的器具主要是用树皮和兽皮制作或竹编和藤编的。后来，在逐步实践的过程中，人们发现了陶器的烧制方法。估计，一开始的时候古人只是想通过加热敷泥的篮筐去加热里面的食物，结果却意外地发现敷在篮筐外面的泥土被火烧了之后，

原始人用火

古老的陶器

变成了一个陶制的器皿。偶然的发现，逐渐变成了主动的实践行为，陶器逐渐取代了过去简陋的器皿。在江西万年县仙人洞遗址、河北武安市磁山遗址和河南新郑市裴李岗遗址里，都发现了最早的陶器，它们距今已经有约8000年的历史。20世纪中叶，云南佤族的制陶方法仍非常原始，烧制时的温度大约800℃，估计他们的烧制水平与远祖先民的水平差不多。后来，西安半坡遗址又出土了6座5000多年前的陶窑，这个时候的烧制水平已经比较高了，烧制温度可以达到1000℃左右。

除了烧制陶器之外，远古的先民还在实践的过程之中懂得了如何去冶炼铜。河北唐山市大城发现的一处遗址之中发现的红铜器，充分说明4000年之前古人在冶铜方面已经达到了一定的水平。另外，古人还懂得了烧制石灰的方法，因为石灰也是古代的一种重要的建筑材料，烧制石灰同样需要对火的温度的准确掌握。可以说，正是在陶器、冶炼和建筑材料制作中对火的有效地利用，很好地促进了我国古代文明的发展。

我国古人不仅很早就懂得用火，更是在不断的实践过程之中掌握了多种人工取火的方法。前面曾经提到过的，燧人氏钻木取火，用的是摩擦生热的方法。这种取火的方法，流传的历史十分悠久，甚至中华人民共和国成立初期，我国的一些少数民族还是使用这种方法取火的。

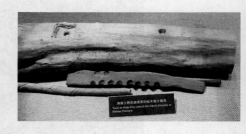

少数民族的取火工具

除了用"钻木法"取火之外，古人在实践过程中还找到了诸如"锯木法""压击法""阳燧法"等取火的方法。"压击法"的取火装置是一个牛角加上一个活塞。结构上，与家庭用的手（压）动喷雾器很像。使用的时候，先把一些易燃物（如棉絮）放到牛角里面，然后再把活塞插到牛角里面，接着把活塞迅速地向下压。此时，牛角内的空气体积迅速减小，牛角内的温度因此迅速地提高。当这个温度达到易燃物的燃点的时候，易燃物就会被点燃。这种取火的器具和方法后来还传到了欧洲，在使用和传播过程中，欧洲人又进行了改进，把牛角换成了玻璃筒。这样的装置的密闭性更好，还能直接看到玻璃筒之内的易燃物是否燃烧起来。据说，柴油机的发明家就是得到了"压击"取火的装置的启发。

春秋战国时期的阳燧

春秋战国时期，人们还发明了一种用火镰敲击燧石生出火花的取火方法。燧石的质地很坚硬，破碎后容易产生锋利的断口，所以石器时代的绝大部分石器都是用燧石打击制造的。用铁器击打燧石时，会产生火花，所以燧石也常常被古代人当作取火工具使用，中国古代常用一把钢制的"火镰"击打一小块燧石取火，所以燧石也叫作火石。

火镰取火法用到的基本工具

明代阳燧

利用"阳燧"取火则是人工取火技术的一个重大进步。阳燧，应该在3000年前的西周时期就已经出现了，当时的人们已经知道用它们在太阳下取火。《周礼》记载："阳燧以铜为之，向日则生火。"《本草纲目》又有记载："阳燧，火镜也。以铜铸成，其面凹，摩热向日，以艾承之，则得火。"说白了，阳燧就是古代用青铜制造的凹面镜。当用它对着阳光时，射入阳燧凹面的全部阳光被阳燧球面形凹面聚焦到焦点上，使焦点上温度快速升高，达到可以点燃易燃物的程度。因此阳燧是一种能从太阳光中取来明火的工具。

2006年10月11日上午10时，一面直径1.4米、通体厚4厘米、重1.2吨的世界特大"虢国阳燧"在河南省三门峡虢国博物馆成功获取天火。这次实验的成功，很好地验证了《周礼》等史志之中关于"阳燧以铜为之，向日则生火"的记载。

阳燧是一种铜质的凹面镜，但是却不是纯铜，而是铜合金，主要成分是铜和锡，两者之比是86∶14，合金之中锡的含量高，可以提高镜体表面的光反射率。

能够与阳燧一样具有取火功能的，就是凸透镜了！凸透镜的材质，最好是玻璃，而且是光学性质比较好的玻璃。从挖掘出来的文物显示，差不多从西周开始，中国已经有玻璃了，只不过这些玻璃的光学性质都比较差。不过，到了东汉时期，透镜也已经被真正发明出来了，因为在20世纪七八十年代期间的江苏邗江西汉墓和南京北郊郭家山东晋墓中，都出土了一些光学性质良好的玻璃镜片和水晶镜片，其中郭家山的镜片还镶了铜边。

冰透镜取火

另外，我国古书中还有关于利用冰透镜取火的记载。《淮南万毕术》中记载，当时有人曾"削冰令圆，举以向日，以艾承其影，则火生"。这里面提到的，其实就是一种冰透镜。

体感测温知大概　看懂火候是功夫

温度是人们对冷暖程度的感知，测量温度正是热学研究的基本问题之一。我国古人虽然没有发明出严格的定量测温方法，但是，他们在实际的生产和生活之中也找到了很多定性化的测温方法，虽然不够精准，但是却能够解决很多实际问题。

身体感觉到的温度

寒、冷、热、凉、烫等这些词，

都是古人用来形容冷热程度的，其中体现的应该是一种温差的概念。这些冷热程度的描述，都是人们以自己的体温为标准做出的感知，反映了被测试的对象与人体温度之间的温差。所以，从某种意义上来说，人体就是一支没有精密刻度的温度计。

《齐民要术》书影

古人将人体的温度作为参考的标准，使用在了很多的地方。南北朝时期北魏的贾思勰就在《齐民要术》这本书中提到，牧民在制作奶酪的时候要使温度"小暖于人体，为合适宜"；然后，他又提到另外一件事情，那就是在制作豆豉的时候，大概是让温度"如腋下为佳"。人体腋下的温度一般是最稳定的，现在人们测量体温的时候也经常是测量腋下的温度。

腋下测温

炒茶

宋朝人陈旉在《农书》之中谈到洗蚕种水的温度的时候，也说"水不可冷，亦不可热，但如人体斯可矣"。元朝的王桢在《王桢农书》中介绍养蚕的最佳室温的时候，也是以人体的温度作为参考的，他说养蚕人"需著单衣，以体为测：自觉身寒，则蚕必寒，使添熟火；自觉身热，蚕亦必热，约量去火"。

宋朝人蔡襄在《茶录》之中说到制茶的时候，也提到"用火常如人体温"，"若火多则茶焦不可食"。

毫无疑问，以体温，特别是腋下的温度作为其他物体温度的判断标准，在温度计发明之前正是热学温度计量中最便捷的方法，也是最为恰当的方法。

不过，利用体温作为感知其他物体温度的参考，也是有局限的。比如在金属冶炼或者烧制陶瓷的过程中，温度都极高，如此的高温都不可能用人的体温去作为参考。于是，我国古代的工匠们从实践之中又总结出了一种高温目测技术，通过火焰的颜色去判断炉体内温度的高低，也就是所谓的"火候"。通过"火候"判断温度的高低，自然与经验有直接的关系，也无法得到温度高低的具体数值，但是却是有着充分的科学性的，因为火焰的颜色确实与温度有着一定的对应关系。

炉火的颜色

中国春秋战国时期记述官营手工业各工种规范和制造工艺的文献《考工记》中，非常详细地记录了冶炼青铜的火焰颜色的变化。一开始的时候，温度比较低的时候，火焰是"黑浊"的；温度升高了一段之后，火焰变成了"黄白"色；等到温度继续升高，铜熔化与锡成为青铜合金的时候，火焰又变成了"青白"的颜色；再过一会儿之后，等到火焰颜色变成了青色的时候，就可以开炉铸造了。炉火纯青这个词，就是这样来的，用来形容人的技艺、学问和道德情操达到了极高的境界。

迷恋于长生之梦的古代帝王

在《考工记》之后，墨子和他的学生们也讨论过火焰颜色与物体温度之间的关系，相关的观点都记录在了《墨经》之中。他们认为火的颜色，正是它热度（温度）的表现。

火候观察之法，不仅仅是古代的工匠用到了，那些炼丹家和药物学家同样用到了，而且他们还在实践的过程之中有了新的发现。

比如陶弘景在《名医别录》这本书里面就介绍了怎么用火焰的颜色区别硝石和朴硝这两种东西。书中提到，硝石和朴硝这两种东西大同小异，看起来很相似，所以就要通过它们燃烧之后火焰的颜色进行区分。硝石烧起来的时候，火焰是紫青色的；朴硝烧起来的时候，火焰则是纯黄色的。硝石，其实就是现在的硝酸钾；朴硝，其实就是现在的硫酸钠。

古窑

近代的化学之中，也经常会通过焰色反应来判断钾和钠这两种元素。毫无疑问，陶弘景的书中所提到的火焰的颜色，已经不仅仅与温度有关系，更与燃烧物之中含有的元素有着直接的关系，已经具有近代光谱学的意思了。

"火候"这个词，最早应该出现在唐朝的时候，当时有一本叫作《酉阳杂俎》的书，就提到了这个词，书中的内容应该是与烹饪有关的。明朝的时候，宋应星在《天工开物》这本书里面，更是多次提到了"火候"这个词，而且还有多种不同的说法，比如"火力""火色""火候""观火候法"等。宋应星在书中详细地叙述了砖烧制过程中观察火候的方法和掌握火候的重要性。

"凡砖成坯之后，装入窑中。所装百钧则火力一昼夜，二百钧则倍时而足。凡烧砖有柴薪窑，有煤炭窑。用薪者出火成青黑色，用煤者出火成白色……凡火候，少一两则锈色不光；少三两则名嫩火砖，本色杂现，他日经霜冒雪，则立成解散，仍还土质。火候多一两，则砖面有裂纹；多三两，则砖形缩小坼裂、渠曲不伸，击之如碎铁，然不适于用……"

宋应星的描述之中，不仅提到了不同的燃料达到相同温度的时候，火的颜色并不相同。砖头烧制的时间，则与烧制砖头的多少有直接的关系，要烧制的砖头越多，花费的时间就越长。至于其中提到的"多一两"或者"少一两"的说法，更多的还是一种经验的积累。但是，毫无疑问，这种目测高温术在古代的冶炼和陶瓷等烧制的过程中，确实发挥了重要的作用。

烧制陶瓷

除了上面提到的这些测温和判别冷热程度的方法之外，古人其实还找到了一些较为客观的方法。比如在《吕氏春秋》《淮南子》等古书之中，就提到了通过观察瓶子里的水是不是结冰了，就知道外面的气温是不是下降了，天气变冷了。即"见瓶水之冰，而知天下之寒"。水结冰，意味着气温降低；冰开始融化，说明气温开始上升；水蒸发得越快，说明气温越高，而且还很干燥。很显然，这种通过观察水的物态的变化来了解温度的变化，的确是一种比较客观的判断冷热程度的方法。

陆羽在《茶经》之中谈到泡茶的水的时候，有这样的描述"其沸如鱼目，微有声，为一沸；缘边如泉涌连珠，为二沸；腾波鼓浪，为三沸"，到了"三沸"的程度，水就不能再继续煮了，否则就不适合用来泡茶了。很显然，陆羽的描述之中，水中不同的动静反映了不同的水温。这种用现象来反映温度变化的手段，显然也应该是古人从实践之中得到了一种判断温度高低变化的经验方法。

煮茶

灯中夹水可省油　瓶下叠底为保温

油灯，是古人最常用的夜间照明工具。在清朝之前，我国古人的油灯之中所用的油一般有两种：动物油和植物油。其中，植物油之中最常用的是豆油。很显然，无论是动物油还是植物油，在油温过高的时候都很容易蒸发，造成不必要的浪费。所以，古人为了节约灯油，特别制造

了各种类型的"省油"灯具。

关于"省油"灯，最常见的做法就是在灯碗的壁上做一个夹层，然后在夹层中放进去一些凉水，这些凉水就有吸热降温的作用，能够控制灯碗里面灯油的温度不至于上升太快，进而达到减少灯油蒸发的目的。据说，这样做可以达到"省油几半"的程度。

古朴的油灯

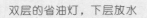

双层的省油灯，下层放水

南宋时期的大诗人陆游在他的文集《陆放翁集·斋居记事》之中就有过类似的记录："书灯勿用铜盏，惟瓷盏最省油。蜀中有夹瓷盏，注水于盏唇窍中，可省油之半。"陆游的描述之中提到的"夹瓷盏"，就是上面提到的"省油灯"。陆游在另外的一篇文章之中，还提到只需"注清冷水于其中，每夕一易之"就可以实现"省油几半"的目的。

类似的"省油灯"不仅出现在典籍的记载之中，后来的考古发现之中还真的找到了相应的实物。四川邛崃市邛窑遗址、湖南岳阳、天津等地，都曾经出土过这样的灯具。此外，重庆市博物馆中还保存了一件十分完整的精品。这些省油灯具的结构，与陆游所描述的是一样的。

除此之外，在辽宁的一座辽代的墓葬之中还出土了一件另外一种结构的省油灯。这是一件青瓷灯盏，它的盏腹部分直接分成了上下两层，上面一层放油，下面一层放水。这种灯同样能够起到省油的作用。

从目前的各种出土文物的情况来看，我国的省油灯很可能在汉朝的时候就已经出现了。

长信宫灯

古人不仅发明了能够控制油温不要太高的省油灯，还发明了能够防止热损失的保温装置，其中最出名的是一件叫作"伊阳古瓶"的特殊保温瓶。关于它的功用和结构，南宋的洪迈曾经记录过这样一件事情：有一个人名叫张虞卿（北宋名臣张齐贤的后代），居住在伊阳县（河南省汝阳县的旧称）的一个小镇上。他偶然得到了一个黑色的古瓶，非常喜欢。于是，他就把这个黑瓶子放在书房内，用来养花。这一年，冬天特别寒冷。有一天夜晚，张虞卿忘了把瓶子里的水倒出去，他以为瓶子一定会被冻裂的。但是，第二天早晨一看，房间内其他东西里面的水都冻住了，但是那个瓶子里面的水却并没有冻住。他觉得很奇怪，就尝试着往瓶子里灌入热水，结果发现过了一整天瓶子里的水也没有变冷。从此以后，张虞卿去郊游的时候，就常常带着这个瓶子，每当他倒出热水或热茶的时候，就都像刚沸腾的一样。后来，他就把这个瓶子当作宝贝密藏了起来，只是可惜的是，后来他的一个仆人酒醉后却将瓶子摔坏了。这个时候，张虞卿仔细观察了瓶子内部的结构，发现它与寻常的陶器也没有什么区别，只是底部多了一个夹层，大约有二寸厚，而且里面还有一个小鬼的样子，刻画得很

张齐贤像

精细。但是，当时谁也看不出，这瓶子到底是个什么东西？

根据洪迈的记载，这个瓶子是南宋时出土的文物，可能年代已经很久远了，所以也没有去考证出它的年代。至于它为什么能够保温，在洪迈看来估计就是因为有"夹层底"。夹层底确实有助于减少热传导，但是能不能那么神奇，就有些值得怀疑了。不过，如果这个瓶子确实存在的话，那么它就应该差不多是最早的保温瓶了。

明朝的物理学家方以智也谈到过有关热传递的问题。他指出："冰在暑时以厚絮裹之，虽置日不化，惟见风始化。"用厚棉絮盖裹物体（特别是冰）来减缓热传递，确实是一种较为有效又十分简单的办法。过去，走街串巷卖冰棍的人就是利用这种方法延缓冰棍融化的。

空气受热变化多　孔明走马各成趣

空气受热会变轻，热空气能够让物体飞起来。古人对热空气也已经有了一定的认识，而且还利用热空气发明了一些有意思的小玩意。

汉朝刘安所编著的《淮南万毕术》就记录了这样的一件事情：

> 取鸡子，去其汁，燃艾火纳空卵中，疾风因举之飞。

这句话的意思，就是拿一个鸡蛋，然后把里面的蛋液去掉，得到一个空鸡蛋壳，然后把艾绒放在蛋壳里点燃，这样加热后的空鸡蛋壳就能飞起来了。按照刘安的描述，这个鸡蛋壳应该可以看作历史上最早的"热气球"了。不过，这个小实验的复制成功率并不是很高，估计当时更多的还是一种设想。

到了宋朝的时候，人们对这个实验又做了一定的改进。苏轼在他的《物类相感志》中记录了有关这个小实验所做的改进，就是在蛋壳里加一点水，然后把蛋壳上的小孔用油纸封上，然后再把这样的蛋壳放在中午太阳下面晒，到一定程度时候，蛋壳就能够飞起来了。这里面涉及的道理其实已经不是空气遇热膨胀那么简单了，而是蛋壳里面的水受热变成了水蒸气之后，体积膨胀从油纸封住的蛋壳孔之中冲出，形成的反冲力带来的效果。所以，它本质上已经与热气球不同了。

不过，对于热空气的应用，古人还是有很成功的例子的。

孔明灯

诸葛亮像

五代时期，曾经出现过一种"信号灯"。传说，当时有一个叫莘七娘的妇人，跟随丈夫在福建驻防。她做了一个竹子骨架、外面糊纸的灯笼，当在灯笼下面点燃松脂的时候，灯笼就会慢慢地上升飞到空中，作为一种传递信号的手段。这种灯笼的外形像一个小球，人们把它叫作"松脂灯"。

与这个"信号灯"相类似的，就是大名鼎鼎的"孔明灯"。传说，孔明灯是三国时期的诸葛亮（字孔明）发明的。当时，诸葛亮被围困在平阳（在今湖北郧西县西北），无法派人出去搬救兵。于是，诸葛亮灵机一动，算准风向，做出了能在空中飘浮的纸灯笼。诸葛亮把巨大的纸灯笼放飞上天之后，还让军营之中的士兵高呼："诸葛先生坐着天灯突围啦！"这个时候，司马懿被迷惑了，于是就带着人马朝着天灯飘走的方向追赶了过去。如此一来，被围困的蜀军就得以脱险了。于是，后世就把这种灯笼叫作了孔明灯。也有的说法是因为灯的外形很像诸葛亮戴的帽子，所以才把它叫作孔明灯。不过，孔明灯确实是热空气很成功的应用案例，这一点是毫无疑问的。

漫天的孔明灯

走马灯

古代对热空气的应用，除了大名鼎鼎的孔明灯之外，就要算是"走马灯"了。古书上，关于走马灯的记载真的很多，其中最早的应该是秦汉时期的青玉五枝灯。当时，汉高祖刘邦（前256—前195）抢先项羽一步成功地攻入秦朝的都城咸阳之后，就组织人员检查了秦朝存放珍宝的仓库，结果在仓库里面他们就看到一架高达7尺多的"青玉五枝灯"。灯的造型是一个"蟠螭"（一种无角的龙）模样，蟠螭的嘴巴里面衔着灯。灯被点燃之后，整个灯就会"鳞甲皆动"。很显然，灯上的鳞甲之所以会动，正是因为灯被点燃之后，产生的热气流推动了它们。

"走马灯"很有可能就是受"青玉灯"的启示而发明的。这种灯一般在上元灯节的时候出现，古代描写走马灯的诗文也很不少。南宋范成大的诗句"映光鱼隐见，转影骑纵横"，姜夔的诗句"纷纷铁马小回旋，幻出曹公大战车"，都是描述走马灯的，而且都非常生动形象。南宋的周密在他的《武林旧事》这本书里面记载了许多灯，其中也提到了走马灯，只不过他在书中把走马灯叫作了影灯，一句"沙戏影灯，马骑人物，旋转如飞"，描写得极为生动到位。

古代走马灯示意图

在古代的灯节之中，走马灯一直都是非常引人注目的。它的外形大多数与宫灯的样子差不多，里面以剪纸粘一周，将已经画好的图案粘贴在上面。灯点燃之后，热气上升，推动纸轮辐旋转起来，进而带动灯屏一起转动，导致出现人马骑行、前后追逐的景象。

宋朝的时候，其实就已经有走马灯了，只不过当时叫作"马骑灯"。因位当时在灯上绘制的图案都是骑马的武将，灯转动起来之后看起来好像几个人你追我赶一样，所以才被称为"走马灯"。走马灯的结构大致是这样的："走马灯者，剪纸为轮，以烛嘘之，则车驰马骤，团团不休。烛灭则顿止矣。"它以灯烛加热后的热空气作为动力来驱动轮子，轮子上车马形状的轮扇就会转动起来；当灯烛灭掉之后，动力消失，轮子就不转了。如果轮子转动速度合适，在灯罩上形成的投影也是动态的，看上去很有趣。

走马灯的结构和原理都不复杂，是古代一种很有意思的玩具，给百姓的生活带来了不少的乐趣。但是，从工作原理上来看，它却是现代燃气涡轮机的始祖。

热胀冷缩立奇功 白露为霜识三态

热胀冷缩是自然界中一种十分常见的热学现象，古人很早就认识到了这种现象，并且还很好地把它应用到了工程实践之中。

都江堰

都江堰，是我国古代著名的水利工程，到现在还在发挥着重要的作用。都江堰的修建者是战国时期的李冰父子。当时，为了修建都江堰，自然免不了开山凿石，用常规的斧头锤子开凿，效率肯定高不了。这种情况下，李冰父子就用到了物体热胀冷缩的特性。首先，李冰父子让人在要开凿的石头上堆放柴草，柴草点燃之后的大火很快就提升了石头的温度，这个时候再把冷水泼到石头上，石头就因为短时间内热胀冷缩剧烈变化而出现裂缝，接着再使用铁锤敲击石头，开凿的效率就会大大提高。

东汉的时候，成都太守虞翔在进行汉水西部的修建工程的时候也曾经使用过这种办法，效果很好。虞翔的事情，在《后汉书》里面有着清楚的记载，《后汉书》作为二十四史之一，还是很具有权威性的。李冰父子和虞翔等人使用的这种方法，后来被称作"烧石易凿法"，也有叫作"烧爆法"的，在历代的水利工程和采矿工程之中得到了广泛的应用。

除了水利和采矿之外，古人还将热胀冷缩应用在一些装饰物品的制作方面。比如元朝的时候，一个叫陶宗仪的人就注意到当时的权贵们都喜欢佩戴一种叫作"辘轳剑"的装饰物，这种剑的剑柄是用玉制作的，就是将两块球形的玉相互叠套在一起，形成一个"吕"字模样，所以才被叫作"辘轳"。陶宗仪十分好奇的是，制作这种剑的工匠们是怎么将其中一块球形玉的轴塞进另外一块球形玉的孔洞之中的呢？而且还能够做到看起来两块玉之间一点缝隙都没有。后来，经过打听之后，陶宗仪才知道原来工匠们在组合安装的时候，会先把带孔洞的球形玉放在开水里煮，煮到一定程度的时候，另外一块玉的轴就可以塞进被煮的这块玉的孔洞之中了，被煮的玉温度降下来之后，两者之间就变得十分紧密了。其实，这里使用的就是物体热胀冷缩的特性。陶宗仪还自己动手做了实验，他发现结果还真的是像工匠们说的那样，当带孔的球形玉被煮之后真的膨胀了开来。

除了充分利用物体热胀冷缩的特性之外，古人还发现一些材料特别不容易发生热胀冷缩现象，比如铜，他们就把这样的材料制作成了度量衡标准"原器"。这一点，在二十四史之一的《汉书》之中，有着明确的记载。《汉书》中说"铜为物之至精，不为燥、湿、寒、温变节，不为霜、露、风、雨改形"。事实上，铜的热胀冷缩特性，确实是比铁要小的。

在热学现象方面，古人不仅认识和利用了热胀冷缩现象，也已经知道了物态变化这种热学现象，其中水的三态变化应该是最早被认识到的。6000年前的半坡遗址之中就发现了能够用来蒸食物的器具，在蒸煮食物的过程中，古人逐渐认识到了水的三态变化。另外，水的三态变化与农业生产也有着密切的关系，尤其是自然界中的雨、雪、霜、雾等现象。

蒸馒头

早在商朝的时候，当时的气象记录之中，就有关于阴、晴、雨、雾变化相关情况的记载。到了周朝的时候，《诗经》之中就有"白露为霜"的诗句，这说明当时的人们就已经注意到了露与霜两者之间的区别与联系。关于雨、雪和雾的形成，当时的人是有一些相关认识的。

雪

　　到了汉朝的时候，人们对于这些自然现象的认识就更加深刻了。王充认为："云雾，雨之微也，夏则为露，冬则为霜，温则为雾，寒则为雪。"显然，在王充的认识之中，自然界的这些现象都与温度有着一定的关系，是同一种东西在不同温度下的具体表现。虽然，王充的认识未必全部正确，但是，这里面确实是包含了朴素的物态变化的思想的。

雾　　　　　　　　　　　　　　　　　　雨

古人对于雨、露、霜、雪形成原因的解释，角度各不相同，但是有一个共性的地方，就是都认识到这些现象与温度有着一定的关系。这种认识，后来被很好地使用到了农业生产之中。北魏的一部著名的农书《齐民要术》之中，就有如何利用加温的方式预防霜冻的详细记录。

我国古代还有一类人群对于物态变化有着很好的观察与认识，就是那些炼丹术士们。这些人为了追求长生不老之术，进行了大量的炼丹活动。在炼丹的过程中，他们自然就注意到了很多物质的物态变化。

六、中国古代的电学、磁学成就

中国在电学和磁学尤其是静电学和静磁学方面认识的历史还是很早的，其中包括对雷电现象的观察和摩擦起电现象的认识、磁石吸铁和指南仪器的研究与应用等等。特别是磁学的研究与应用对我国古代的生产、军事、航海、测量等技术的发展产生了重要作用。早在公元前9世纪之前，中国人就创造了"雷"和"电"这两个字，用来分别称呼空中放电的声音和闪光。所以，在中国古人的认知之中，"电"仅仅指的是空中的闪电，比现代物理学赋予这个字的含义要小得多。

摩擦起电吸芥籽　阴阳二气生雷霆

琥珀

带电的物体有一个显著的特性，那就是能够吸引轻小的物体。通过摩擦，可以使得某些物体带电。我国古代最早发现的能够摩擦带电的物体是玳瑁和琥珀。前者是一种类似于海龟的海洋生物的壳，后者是一种透明的树脂化石。这两种东西经过摩擦之后，都可以带电。

关于摩擦带电的现象，东汉时期的王充所写的《论衡》这本书里是有记录的。书中把"玳瑁"写作了"顿牟"，所谓的"顿牟掇芥"，说的就是摩擦过的玳瑁可以吸引芥籽这样的小东西。书中把"顿牟掇芥"与"磁石引针"放在了一起，还认为它们具有相似的地方。王充不仅描述了这种现象，还尝试进行了解释，他引用了一种叫作"元气"的东西来解释这种现象。王充认为"元气"是所有物质的本源，"顿牟掇芥"也好，"磁石引针"也罢，正是因为"顿牟"与"芥籽""磁石"与"针"之间具有相同的气性。王充的元气说，应该是古人对静电现象和静磁现象的一种朴素的解释，在当时还是具有一定的合理性的。

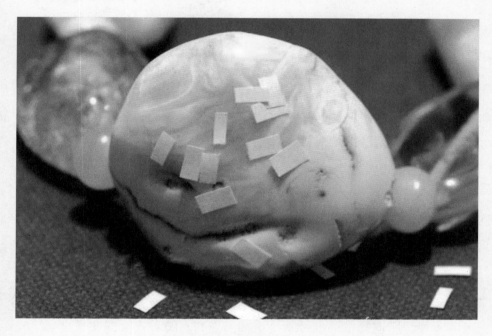

摩擦琥珀吸引小纸片

类似的现象，东晋时期的郭璞也有过记录。到了三国时期，吴国人虞翻注意到了琥珀不能吸引湿了的芥籽，只是他并不清楚其中的原因，只能简单地记录了这个现象。古人不仅认识到了摩擦后的琥珀能够吸引轻小物体，还很好地利用了这个特点来鉴别琥珀的真假。南北朝时期的医药学家陶弘景在《名医别录》这本书中记录："琥珀，惟以手心摩热拾芥为真。"

另外，古人还注意到了摩擦起电的时候伴随着的发光和发声现象。

这种现象，我们非常容易观察到，尤其是北方的冬天，穿脱毛衣的时候特别容易发生这样的情况。我国古代关于这方面最有名的记录出现在西晋时期的张华所写的《博物志》这本书中："今人梳头、脱着衣时，有随梳、解结有光者，也有咤声。"这里其实就记载了两个现象，一个是梳子与头发之间的摩擦起电现象，另一个是外衣和不同材质的内衣之间的摩擦

衣服上的静电

起电现象，既有发光，也有发声。古代的梳子，有木质、骨质或角质的，它们与头发之间摩擦是很容易起电的；丝绸、毛皮之类的衣料，互相摩擦也容易起电。当天气干燥、摩擦强烈时，确实能有火星与声响。唐朝的时候，段成式在《酉阳杂俎》这本书里也有过类似的记录。这些记录，都说明我国古人已经准确地观察到了摩擦起电现象。虽然他们只是记录了相关的现象，但是科学的研究正是从观察开始的。

古人创造了"雷"和"电"这两个字，分别形容大气放电的两种表现形式，一个是声音，一个是闪光。对于大自然中天然存在的放电现象，人类认识的历史最长，但是在原始社会，往往是把这种现象视为天地神灵的表现，所谓的雷公电母就是这样出现的。随着人类的发展，到了先秦时期，我国的古人开始尝试着从科学的角度去解释这种自然现象的原因了。

雷电

　　我国古人最喜欢用气来解释自然现象的成因。比如说，他们认为雷电的产生是阴阳二气的摩擦、碰撞、逼压的结果。我国历史上，最早猜测雷和电是统一的自然现象的人，应该是汉朝的刘向。他认为所谓的电，就是雷的光。到了宋朝的时候，一个叫作陆佃的人在吸取前人观点的基础上，进一步指出雷和电其实是同一种存在。从那之后，人们便逐渐接受了雷声和电光是一个事物的两种表现形式的观点。

　　我国历史上，有很多对雷电的解释。其中，东汉的王充认为雷电的本质就是火。王充提出这种认识的依据是雷电能够烧毁房屋、草木，被雷击而死的人身上有被火烧过的那种气息等现象。在这里，王充使用的其实是一种类比的思维，就这种思维方式而言，还是具有一定的科学性的，这一点上倒是与美国科学家富兰克林的思维方式很像，不仅如此，两人关于雷电火属性的认识上，居然也是很类似的。

　　很有意思的是，我国古代关于雷电的很多现象记录之中，还观察和记录了很多各种形状的闪电。另外，早在 5 世纪的时候，还观察到了雷电能够熔化金属，却不能熔化木制品的现象。

自古磁石多妙用　亦能吸铁亦指南

　　古人对磁现象的认识要比对电现象早，因为自然界中是存在着天然的具有磁性的铁矿石的。最早的时候，这种神奇的石头还被当作一种药物。战国时期的"神医"扁鹊在给齐王治病的时候，就用到了一种叫作"五石散"的药物，其中就

天然的磁石

包括磁石，这种药在魏晋时还有人在使用。据说，秦始皇为了防止刺客，就曾在阿房宫修建了以磁石为材料的北阙门。身怀铁质兵刃的人从门

口经过，就会被磁石吸住，直接暴露身份。

古人在陶瓷生产的过程中也会用到磁石。烧制白瓷的时候，对瓷胎中的杂质有非常高的要求，不允许含有铁粉之类的杂质，否则烧制出来的瓷器就会发黑。为了解决这个问题，当时的工匠们就用到了磁石，他们把磁石在釉水缸中来回过几下，就可以将里面含有的铁杂质清除掉了。

古人还有把磁石用在战争中的案例，相关的记录出现在《晋书·马隆传》之中。马隆是晋朝的大将，在西北地区作战的时候，就曾经在一处狭窄的通道两边摆放了很多的磁石，当穿着铁制铠甲的敌人从这里通过的时候，立刻就被两边的磁石吸住，无法行走。这个时候，马隆却让自己的士兵穿着皮质的铠甲，一点也不受影响，直接把敌人打得大败。

马隆

历史上，《管子》一书是最早记载磁石的文献，书中写道，"上有慈石者，下有铜金"。这里记录的应该是利用磁铁寻找矿石的情况，所谓的"铜金"应该是铁矿石或者是含有铁的矿石。就目前所知，这段记载应该是世界上最早有关磁石的文字之一。差不多相同的时候，《吕氏春秋》这本书中也有磁石吸铁性质的相关记载，即"慈石召铁，或引之也"。比上述两本书成书稍微晚一点的《鬼谷子》这本书中，也有"慈石之取针"的句子。

磁石吸铁

古人实践的过程中，已经很好地认识到磁石能够吸铁、却不能吸其他物质的特点。在《淮南子》这本书中有这样的叙述："若以慈石之能连铁也，而求其引瓦，则难矣。""及其于铜则不通。"意思是说，磁石只能吸铁，不能吸陶瓦和铜器。

古人把磁石叫作"慈石"，还是有一套说法的。高诱注释《吕氏春秋》的时候说："石，铁之母也。以有慈石，故能引其子。石之不慈者，亦不能引也。"这是把吸铁性称为"慈性"，就好像慈母深深爱着自己的孩子一样，所以，吸铁的石头就自然就被称为"慈爱的石头"。

对于磁石的吸铁性，西方最早的记载是古希腊学者泰勒斯（约前624—约前547）和苏格拉底（约前469—前399）等人，但都迟于管子的时代。

除了磁石的吸铁性质之外，古人还发现了磁石与磁石之间的相互作用。不仅如此，古人还把这种发现用在了游戏之中，也就是所谓的"斗棋"。汉朝的刘安和他的门客们就曾经对这种"斗棋"的游戏有过记录。用鸡血与磁石的粉末混合起来，制作成特殊的"棋子"，这些"棋子"放置在棋盘上之后，相互之间就会发生排斥现象，不停地移动起来。古人认为这种斗棋游戏很神秘，是一种"幻术"，但是玩起来确实很有意思。此外，司马迁在《史记》中也记载了类似的游戏，是一位方士给汉武帝表演的斗棋。这个方士能够让棋子"自相触击"，汉武帝一高兴，就给这个方士封了个"五利将军"。很显然，汉朝人发现的正是磁石之间相互排斥和相互吸引的两种性质。

指南针能够指南，这个特征古人很早就认识到了。但是，指南针能够指南的原因，是到明朝的时候才有了突破性的认识。明代学者方以智不满足传统的说法，他认为："蒂极脐极定轴子午不动，而卯酉旋转，故悬丝以蜡缀针，亦指南。"其中"蒂极"和"脐极"就是明朝人对于地球的南极和北极的称呼，

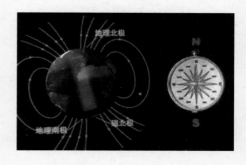

地磁场和指南针

"卯酉"指地球的赤道。方以智认为，地球的两极是静止的，赤道是旋转的，因此，磁针就会指南了。他的学生揭暄和他的儿子方中通（1634—1698）也有类似的看法。很显然，方以智等人的这些认识并不是很正确，但是，他们确实注意到了指南针的指向与地球极性之间的关系。不过，

方以智等人的看法很可能是受到了当时的西方传教士的影响。

地球是一个巨大的磁体，但是地磁的南北极和地理的南北极并不是完全重叠的。因为这个客观现实的存在，在实际使用的过程中，指南针必然会出现指向略有偏差的情况，这就是磁偏现象。古人在研究指南针的过程中，很早就发现了磁偏现象的存在，这也是我国古代磁学方面的重要发现之一。

北宋的曾公亮除了在《武经总要》中记下了制作指南鱼的方法，还特别描写了一个细节，那就是工匠们在队指南鱼进行人工磁化的时候，总会将鱼尾向北下倾几分，因为这样做能够使得指南鱼获得比较好的磁性。其实，这样做的道理正是因为地磁场的方向并不是正南正北的，让鱼尾向北下倾几分，更接近地磁场的方向，磁化的效果自然就会更好一些。

指南鱼

北宋的沈括在研究磁针的指向精度时，也在观察中发现了磁偏现象，即磁针"能指南，然常微偏东，不全南也"。这的确是一个重要的发现。其实，在沈括之前，北宋杨惟德也曾经做过类似的记录。

指南器具种类多　古人智慧真不少

地球本身就是一个巨大的磁体，所以地球上的磁石具有能够指示方向的特性。古人虽然不是很清楚其中的原因，但是对于磁石的指向特性却有着很好的认识和广泛的应用。指南针，是中国古代的四大发明之一，对世界文明的发展都有着重要的作用。

司南，可以认为是中国历史上最早的指南用品。先秦时期的韩非子被认为是最早提到司南的人，他曾经说过："故先王立司南，以端朝夕。"

这里的"司南"指的就是一种能够指示方向的器具。相对来说，《鬼谷子》这本书里的记载就更加清晰了，"郑子取玉，必载司南，为其不惑也"，这句话里面把"司南"的作用描写得非常清楚。

司南到底是什么样子的呢？东汉时期的王充曾经有过比较详细的描述："司南之杓，投之于地，其柢指南。"按照王充的说法，古代的司南应该是一个勺子的样子，使用的时候把它放在一个特制的盘子上面，等到司南平稳下来之后，它的长柄就会指向南方。

司南

不过，由于司南的勺底与下面盘子的接触面比较大，相互之间的摩擦会使得它的指向精度大打折扣，所以在实际使用的过程中并没有得到广泛的推广。在不断实践的基础上，后人发明了更加先进的指南器具。

北宋的时候，曾公亮就在《武经总要》这本书里面记录了多种辨别方向的方法，诸如"老马前行，令识道路，或出指南车，或指南鱼，以辨方向"。曾公亮这里提到的指南鱼，其实就是人们在司南的基础上发明出来的新的指南器具——指南鱼。指南鱼的制作并不复杂，"以薄铁叶剪裁，长二寸阔五分，首尾锐如鱼形"。指南鱼的制作过程中，利用了人工磁化的方法，就是通过人为的手段让本来不具有磁性的鱼形铁片具有了磁性，从而拥有了指南的能力。

指南鱼

指南鱼与司南相比的好处之一，就是减少了摩擦。因为指南鱼使用的时候，是把它放在了水里面的。当然，指南鱼也有自身的不足，一方面是使用的时候不能有风的干扰；二来就是通过人工磁化的方式获得的磁性相对比较弱。

指南针，无疑是众多指南器具之中

最精妙的。首先，将磁石或者磁铁制作成针状，就是很大的进步。沈括在《梦溪笔谈》之中记录了指南针的四种不同用法，体现了古人探索指南针使用的过程。

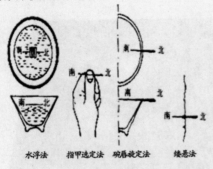

水浮法　指甲选定法　碗唇旋定法　缕悬法

沈括记载的指南针用法

第一种用法可以叫作"水浮法"，就是把磁针横穿在灯芯草上，然后放在水面上。这种方法的缺点是"多摇荡"，也就是很不稳定。第二种方法是将磁针放在指甲上；第三种方法则是将磁针放在碗边上。这两种方法虽然磁针能够灵活转动，但是却不太容易保持平衡，很容易从指甲或者碗边上掉下去。第四种则可以叫作"悬针法"，也就是用丝线将磁针悬挂起来，等到磁针稳定下来的时候，就会指向南方。不过，悬针法要想成功，对所选用的丝线是有很高的要求的，要求不但韧性很强，而且还非常均匀，同时还要使用一些特殊的东西涂抹一下才行。

相比较而言，四种方法之中悬针法无疑是最实用的。所以，在沈括之后大约20年的时候，一个叫作寇宗奭（shì）的人又对这种方法做了一些改进，还从指南针的指向之中发现了磁偏的现象。

1959年，在辽宁旅顺甘井子出土了一只元代的白釉褐花碗，碗高7.5厘米，口径约17.8厘米，碗内底部有一类似"水浮"的指南针的图形，在碗底部的圈足内墨书的"鍼"（即"针"的繁写体）字。这正是"水浮法"指南针所用的碗。

在我国南宋时期的文献中，还记载了两种很特殊形制的指南器具。一种是用木头刻成一个拇指大小的鱼的样子，然后在鱼的肚子上开一个小口，将一块小磁石放到里面去，再用蜡填满封好。接着再把一根针从鱼嘴里插进去，然后把这个鱼形的指南器放入水中，等到静止的时候它就能指向南方了。这种磁性指向器具也叫指南鱼。

还有一种是用木头刻成一个乌龟的样子。然后和上面的指南鱼一样，把磁石埋入乌龟的肚子中，再从尾部把针敲进去。找一块小板子，在板子上装上一根长一点的竹钉子，然后在乌龟的肚子下面挖出一个小坑。接着把乌龟放在钉子上，小坑正好扣在钉子顶部。使用的时候，轻轻拨动乌龟，等到静止下来的时候，乌龟就是指向南方的。这种磁性指向器具也被叫作指南龟。

由于指南鱼能漂浮在水面上，人们也把这种类型的指南针称为"水针"，明清时期的航海中使用的还是这种被称为"水针"的指南针。指南龟是放在一个竹钉子上的，所以也就称为"干针"或"旱针"，与"水针"相对应。

罗盘是我国古代发明的一种具有指向功能的极其特殊的器具。它将磁针与刻度盘结合在了一起，罗盘中的刻度盘也被称为"地盘"，因为上面所标注的刻度是用中国特有的天干地支的方式表示的。"水针"和"干针"都可以看成是罗盘的前身。"水针"和"干针"对应着"水罗盘"和"干罗盘"或"旱罗盘"。

罗盘

正如巩珍于明朝宣德九年（1434 年）所指出："斩木为盘，书刻干支之字，浮针于水，指向行舟。"这也是关于航海罗盘结构的最早描述。

指南龟——干针

"旱罗盘"可以克服"水罗盘"飘忽不定的缺点。最早的"旱罗盘"（即"旱针"或"干针"）应该是南宋时期发明的。1985 年，在江西临川朱济南墓出土了一个陶俑。这个陶俑高 22.2 厘米，手持一只（旱）罗盘。估计这陶俑塑造的是一个风水先生的形象，因为罗盘往往是风水先生的标配之一。但是，这个陶俑的出现却为考证旱针出现的年代提供了有力的证据。

天外来客现奇景　雷火炼殿金顶上

美丽的极光

太阳剧烈活动的时候，会往外喷射出大量的带电粒子，形成高速的带电粒子流，其中的一部分甚至可以进入地球，它们与地球磁场发生相互作用的时候，往往会释放出不同颜色的光。因为这样的光大部分是出现在地球南北两极及其附近的高纬度区域，所以它们也被称为极光。当然，在太阳特别活跃的时候，地球的中低纬度地区也是有可能看到极光奇景的。

中国人观测到极光的历史非常的悠久，最早的确切记录大约在公元前 950 年周朝的时候。那一年，正好是周昭王末年，一个深夜，天空之中出现了五色的极光。古人喜欢把这些异常的自然现象与一些特殊的事件联系起来，给这些自然现象加上几分神异的色彩，那一年周昭王在巡视国家南部地区的时候，不幸死在了路上。如果说周昭王时期的记录还带有一些不太确定的成分的话，到了公元前 200 多年的时候，出现在《史记》之中的记录的可信度就要高很多了。

中国古代关于极光的记录非常丰富，极光多种多样，五彩缤纷，形状不一，绮丽无比，在自然界中还没有哪种现象能与之媲美？明朝的时候，有一位叫作朱高炽的皇帝，他命人编撰了一本叫作《天元玉历祥异赋》的书，书中就有很多幅关于极光的插图。虽然这些插图都是当时的画师手绘的，但是所描绘的极光与现代用照相机拍摄出来的极光在很多

《天元玉历祥异赋》

特点上非常相似。

曾经有人做过统计，在 1750 年之前，中国有极光记录一共 288 次，而且很多都是有准确的年月日时间的。

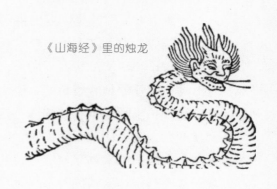

《山海经》里的烛龙

在我国的古书《山海经》中就有极光的记载。书中谈到北方有个神仙，形貌如一条红色的蛇，在夜空中闪闪发光，它的名字叫烛龙。关于烛龙，《大荒北经》有如下一段描述："西北海之外，赤水之北，有章尾山。有神，人面蛇身而赤，直目正乘，其瞑乃晦，其视乃明。不食不寝不息，风雨是竭。是烛九阴，是谓烛龙。"这里所指的烛龙，实际上就是极光。

武当山位于湖北十堰市的丹江口附近，其主峰是天柱峰。在它的峰顶上有一座金殿——古铜殿。这座建筑不只体现着古代铸造工艺的高超，还有一些传说，使金顶充满了神秘的色彩。

武当山金殿

　　这里重点介绍"祖师出汗""海马吐雾"和"雷火炼殿"三大奇景。

　　所谓"祖师"就是铜殿内供奉的"玄天金像"，即道教信奉的真武大帝的铜像。在天降大雨之前，真武神像就会像人一样，在闷热的天气中浑身也是"汗流浃背"。所谓"海马"就是大殿屋顶上的海马铸像。当海马口中呼呼地吐着白雾，道士们认为，这预示着天帝将要派遣雷公电母和风伯雨师来金顶"洗炼"这座大殿。这时，工作在峰顶上的道士们就要撤到南天门。时间不长，倾盆大雨，雷电交加，还可见到巨大的火球在大殿周围滚动着，令人惊心动魄。这就是所谓"雷火炼殿"的壮观景象。当雨过天晴的时节，远望大殿，显得金光闪闪，灿烂辉煌，就像刚刚被"洗"过一样。

玄天金像

　　众所周知，在下雨之前，大殿内的空气中水蒸气含量较高。当大气压发生突变时，过多的水蒸气就会遇冷而凝结为小水珠。它们布满在物体的表面，当铜像表面的小水珠过多地聚集起来，就像是"祖师"出了很多的汗一样。本来在海拔1612米高的山顶上，风是比较大的，水珠很快就会挥发的。但是，由于大殿的各个铸件被铆合得十分严密，大殿内通风很差，因此，就形成了"祖师出汗"的奇观。人们还发现，尽管大殿外面大风呼啸，而大殿内的灯烛火苗却丝毫不摇；冬天下大雪，雪花飘到门口又被顶出来。

大殿顶上的"海马"铸像象征"天马行空"之意。海马的内部是空的，并与大殿内部连通。雷雨之前，天气极其闷热，冷暖气流回旋剧烈。当日光照射在大殿表面时，殿内的水汽受热膨胀，便从海马口中吐出；在室外遇到较冷的空气，就会形成水雾，看上去就像海马在"吐雾"一样。有时，室外的气流与海马喷出的气雾互相摩擦，还会产生"咴、咴……"的啸叫声。

海马吐雾

对于"雷火炼殿"的景象，由于武当山重峦叠嶂，气候多变，风向不断变化使云层之间不断产生摩擦而带上大量的电荷。这种带有大量电荷的积雨云运动到金殿上方时，云层与大殿之间便形成巨大的电势差。这巨大的电势差使空气电离，并形成巨大的电弧，这就是闪电。这强大的电弧使周围的空气剧烈膨胀而爆炸，产生巨大的声响，这就是雷鸣。空气的膨胀又使电弧的形状发生变形，使人们看到巨大的球状的电弧，这就是火球。电弧使大殿的表面氧化层被剥离，这就是所谓的"炼殿"。因此，雨过天晴，大殿就变得金光灿灿了。

雷火炼殿

　　由于大殿整体是铜铸的，它的 12 根铜柱与花岗岩融为一体。因此，在放电时，人在大殿之内并无危险，因为大殿使人得到很好的静电屏蔽的保护。尽管如此，惊人心魄的雷电景象，使得几乎无人敢在铜殿内一试身手。

　　由此可见，金殿奇观是一种自然的热现象以及放电现象。

七、中国古代的测量工具和简单机械

　　物理学的研究，离不开观测与测量。无论是观测还是测量，又都离不开一定的工具。缺少工具的观测，更多的是定性的描述，对于物理学的研究不能说没有作用。但是，基于测量工具的定量测量，对物理学研究的推动作用一定是更加重要的。

　　中国古代的物理学成就之中，同样少不了关于测量和简单机械的内容。

尺有所短　寸有所长

　　长度，是物理学中最常见的需要测量的物理量之一。物体在空间移动距离的大小，对应的其实就是长度。测量长度的工具，叫作尺子。尺子在中国出现的历史十分悠久，商尺应该是目前流传下来的最古老的尺子了。古代制造尺子的材料主要有铜、某些动物的骨头或者牙齿、木头、石头、铁等，这几种材质的尺子，都有不少古老的实物流传了下来，这些古老的尺子也证明了我国古代对长度的测量的确是有着悠久的历史的。

　　不过，中国古代的尺子也有一个很有意思的特点，那就是不同历史时期，甚至不同的地域，尺子对应的标准长度并不相同。商周时期的尺子，用现代的国际单位来衡量，当时的一尺只有 16~17 厘米而已。两汉时期，一尺的长度相当于 23~24 厘米。到了隋唐时期，一尺的长度增加到了将近 30 厘米。到了宋朝以后，一尺的大小开始超过了 30 厘米，逐渐地发展到了与现在的一尺相当的水平。

堂堂七尺男儿，这七尺到底有多高？很显然，古人嘴里提及的七尺男儿，绝对不是现在 2 米出头的大高个子，最多也就是一米七八的样子，究其原因，正是因为古代的一尺比起现在的一尺是要短了不少的。

古老的尺子

中国古代没有米这个单位，比尺长的叫作丈，一丈等于十尺。很显然，如果是商周时期的一尺，对应的一丈也就是 1.6 米到 1.7 米，正好是正常男子的身高，大

五寸铜尺

概正是因为这个缘故，才有了"男子汉大丈夫"的说法，"丈夫"的本意就是"一丈之夫"，也就是身高一丈的男子。

比尺短的长度单位是寸，一尺等于十寸，一寸又被分成十份，每一份为一分，一分的十分之一为一厘，一厘的十分之一为一毫，一毫的十分之一为一秒（宋朝以后又称为一丝），一秒的十分之一为一忽，一忽的十分之一为一微。十进制的长度划分方式，从古老的商周时期的尺子上就已经有了清晰的呈现，足可以看出我国先民对十进制的认识历史是非常久远的。"失之毫厘，谬以千里"，只有真正知道我国古代长度单位之中的毫和厘，才能更加深刻地感悟其中的意义。

当然，古代的长度单位也并不全是十进制的。比如比尺长的除了丈之外，还有寻，一寻等于八尺；还有常，一常等于二寻。另外，除了这些十分精确的单位之外，还有一些与人体有关系的长度单位，比如仞，一仞就是人伸开双臂的长度；一拃就是手用力张开后，大拇指指尖到中指指尖间的距离；一庹就

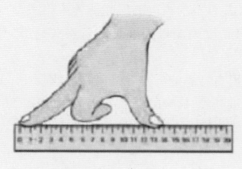
一拃

是两臂左右平伸，两个中指指尖间的距离，与一仞应该差不多；一步就是步行时两个脚尖之间的距离等等。

跬步

除了用尺子和用人的身体某个部位作为测量长度的工具之外，古人还用过其他的东西作为长度测量的工具或者长度单位。比如五谷之一的黍，秦始皇统一六国之后，为了统一度量衡，就采用了黍，将一粒一粒的黍米排列起来，100 粒横排着的黍米总长度就规定为当时的一尺。

古老的铜卡尺

不过，代表着我国古代长度测量更高水平的尺子，就要算是东汉时期的铜卡尺了。1992 年 5 月，在扬州市西北 8 千米的一座东汉早期古墓之中，一件罕见的铜卡尺实物被发现。这把铜卡尺的出土，直接证明了我国古代典籍上的相关记载是完全正确的。最神奇的，就是这把铜卡尺与现代的游标卡尺有着惊人的相似之处，当然，从精确度上，铜卡尺还是要差了不少的。但是，也足以说明早在东汉时期，我国古人在长度测量的工具方面已经有了很高的造诣。

铜壶滴漏巧计时

物理学的研究，不仅涉及空间，同时也涉及时间。任何一种物理量的变化，或许会有空间的变化，或许没有空间的变化，但是却一定会

有时间的变化。古人用各种不同的尺子去测量长度，同样的，在不断的实践的过程中，古人也创造了很多十分巧妙的计时的装置或者手段。

前面，在介绍我国古代光学成就的时候，已经提到了两种利用了光和影来计时的装置——圭表和日晷。这两种计时装置设计巧妙，很好地利用了影子的变化，在日常的计时和天文研究中都发挥了很好的作用。但是，天有不测风云，月有阴晴圆缺，一年三百六十天，也不可能天天都是艳阳高照。退一步讲，即便是每一个白天都是晴空万里，那圭表和日晷到了夜里也只能束手无策了。

日晷

于是一种不受天气变化影响、无论白天黑夜都能计时的水钟便应运而生，这就是所谓的漏刻。漏，指的就是漏壶，主要是装水用的；刻，指的就是刻箭，也就是有刻度的标杆。漏壶里的水一滴一滴地从出口流出去，落入了下面的容器之中，容器之中有一根刻有时刻的标杆，标杆固定在一个浮在水面上的小船上面。随着漏壶里的水不断滴入容器之中，容器里的水面就会慢慢变化，进而带动标杆逐渐上升，如此一来，通过观察标杆上的标识，就可以知道具体的时刻了，这套装置也就完成了计时的功能。

我国最早的漏刻大约出现在西周时期。那个时候的漏刻大多数都是只使用一个漏壶，所以滴水的速度往往会受到壶中液位高度的影响。液位高的时候，滴水速度会比较快一些，液位低的时候，滴水速度就会变得较慢。自然，滴水速度不稳定，对于计时来说肯定不是好事。所以，为解决这个问题，古人发明了多级漏刻装置。所谓多级漏刻，其实就是使用多只漏壶，上下依次

多级漏刻

串联成为一组，每只漏壶都依次向其下一只漏壶中滴水。这样一来，对于那一只向盛放标杆的容器中滴水的漏壶之中的液位就可以基本保持恒定了，自然，从它里面滴入下面容器中的水滴速度也就能够保持均匀了。

　　漏刻，作为一种计时的装置，存在的时间还是很长的。从一只漏壶到多只漏壶，是莫大的进步，更进一步则是利用水作为动力，推动机械实现更加精确的计时甚至报时的功能。宋朝的时候，一个叫作苏颂的人，制造了一台利用水力推动，同时具有计时功能的仪器——水运仪象台。苏颂发明出来的这个东西，不仅能够计时，还能够准确地报时，而且，在不同的时刻点上，比如整点时刻和两个整点时刻之间的其他时刻，报时的方式还有着明显的区分，设计十分巧妙。

苏颂

复制的水运仪像台

　　不过，我国古代的这些机械报时装置，主要还是用在天文研究上，属于天文仪器的一部分，后来，虽然也逐渐地从与天文仪器的混杂之中独立了出来，而且也出现了现代钟表中的一些关键部件，但遗憾的是，最后并没有能够发展出真正意义上的机械钟表。最终，机械钟表只能引进西方的技术。

　　关于时间的计量方法上，我国古代倒是有一套自己的体系的。其中，百刻计时法是最古老的，使用的时间也是最长的。所谓的百刻计时法，就是把一昼夜的时间分成一百刻，每一刻差不多相当于现在的 14.4 分钟。百刻法最早大约出现在公元前 11 世纪的西周之前，距离现在已经有 3000 多年的时间了。

十二地支

大约到了 2000 年左右之前的汉朝的时候，在使用百刻法的同时，人们开始尝试采用另外一种计时方式，就是太阳方位计时法，即以太阳在天空的位置作为计时的依据。在此基础上，大概经过了三四百年的时间，到了隋唐时期，在太阳方位计时法的基础上衍生出了十二时辰计时法，一个昼夜被划分为十二个时辰，以子、丑、寅、卯这十二地支分别命名，子时开头，大约是现在的夜间 23 点到凌晨 1 点之间的时段，所谓子夜时分，也就是这么来的。二十四计时法的使用，已经是明末清初时候的事了，当时是因为西方的钟表传入了进来，相应的计时方式也一起流传了进来。当然，即便是在这种情况下，十二时辰计时的方式仍然还被应用着，每一个时辰正好就是 2 个小时。同时，随着 24 小时计时法的引入，古老的百刻计时法也做了调整，从百刻变成了九十六刻，一个小时分为四刻，一刻就是 15 分钟。我们生活中平常总说的一刻钟，就是这么来的。

打更

另外，我国古代还有一个独特的夜间计时方式，就是所谓的"更"，每一夜都被分为五更，只是每一更的长短是与夜间的长度有着直接关系的。古代很多地方有专门负责打更报时的人，被称为"更夫"。

当然，除了上述的一些计时手段之外，我们还听到了一些通俗的说法，比如一炷香、一盏茶、一壶酒、一顿饭的时间。其实，一炷香的时间并不是一个精确的时间段，因为每一根香的粗细长短是不一样的，所以差不多是在 15 分钟到 1 小时之间。一炷香的说法，最早应该是来自寺庙，在没有钟表的时候，寺庙里的僧人为了计量时间，就用了烧香计时的方法，按照寺庙里的规矩，僧人们每天必须打坐修行十一炷香的时间。一盏茶的时间，大约是 15 分钟，不过也并不是很准确。至于一壶酒，差不多是 2 小时，就是正常情况下喝一顿用的时间。一顿饭，则大约是半个小时，正常人的吃饭速度，既不是狼吞虎咽，也不是吃满汉全席。不过，上述的这些计时方式明显都是很生活化的，只能反映出一个大概的时间长短，并不精确。

木楔能扶楼　斜面多省力

尖劈可以称得上是最简单的机械，人类使用尖劈的历史也非常的悠久，古老的石器时代的那些石器，绝大部分都是具有尖劈的形状和特性的。除石刀、石斧、石矛等石制尖劈类工具之外，还有很多骨制的、玉制的、角制的、蚌制的以及牙制的器物，很多也是属于尖劈类的。

古老的石器

斧头　　　　　　　　　　木楔

木楔，也是一种尖劈类的小物品，木匠师傅随手拿起一块边角料，稍微处理一下，就可以得到一块木楔。但是，就是这样的一个不起眼的小玩意，却能够在关键时刻发挥重要的作用。唐朝的时候，就有一个和尚利用木楔将一座倾斜的楼阁扶正的故事。

　　苏州的重玄寺里面有一座阁楼，突然不知道什么原因变得有些倾斜了，如果不将它扶正，时间长了很可能会倒塌。但是，根据寺里的僧人估计，如果要想将这座阁楼扶正，没有几千贯钱是不行的。几千贯钱，可不是一个小数，对于重玄寺来说压力可不小。就在寺里面的僧人一筹莫展的时候，一位游方僧人过来说道："不需要花那么多钱，只要雇一个人帮我砍木楔，我自己一个人就能把这阁楼给扶正了。"寺里的僧人十分好奇，将信将疑。但是，最后寺里的方丈还是采纳了这位游方僧的建议，并且将这个任务交给了游方僧。

　　这位游方僧也没有什么大的动作，每天吃完饭之后就带着几十个事先准备好的木楔，拎着一把斧头，到阁楼上这敲敲，那钉钉，把那些小小的木楔钉入了不同的地方。十几天之后，阁楼还就真的被游方僧用这种神奇的方法扶正了，所耗费的就是一些木楔而已。

尖劈类的工具，使用的范围其实是非常广泛的。农业上的犁、耒耜，军事上的箭镞，日常生活中的剪刀、铡刀等，都属于尖劈类。

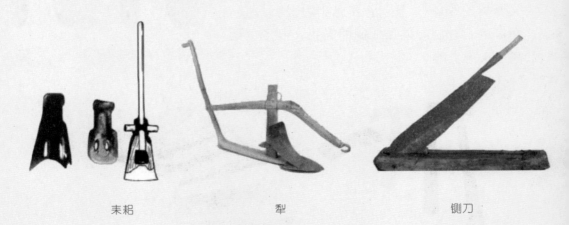

耒耜　　　　　　　　犁　　　　　　　　铡刀

斜面，作为一种简单的机械，具有省力的特点。最早的时候，在《墨经》之中就有了关于斜面应用的记录。后来，在《考工记》这本书中，更是明确地分析了斜面的特点，而且这种分析还是通过平地与坡道的对比来展开的，颇有几分科学研究的严谨性呢！

斜面的应用，更多的是在楼阁的楼梯和塔中的塔梯上，还有就是山区所修建的盘山道。斜面省力，但是会将距离变长，正所谓一得必有一失。

盘山道

小小秤砣压千斤

杠杆，是一种十分简单的机械，但是，这种简单的机械在生活中却有着十分重要的作用。古希腊著名的哲学家、科学家阿基米德曾经大胆

地说过，如果给他一个支点，他就可以撬动地球，说的就是杠杆的神奇力量。虽然，我国古代的先贤没有说出那么豪放的话语，但是，他们却在实际的生产和生活中将杠杆的妙处运用得淋漓尽致。

桔槔

护城河吊桥模型

桔槔、天平、杆秤、护城河上的吊桥，这几种东西所利用的原理就是杠杆原理，它们正是我国古人在实际生产和生活中应用到的几种典型的杠杆机械。

桔槔是古代的取水工具，《庄子》这本书里就有桔槔使用的记录，这说明我国早在春秋时期就已经在农业生产中应用了桔槔。

在一根杠杆上的某处安装吊绳作为支点，一端挂上重物，另一端挂上砝码或秤锤，它就变成了可以称量物体的重量的杆秤或者天平。只不过，古人是把它们叫作"权衡"或"衡器"，其中的"权"指的就是砝码或秤锤，而"衡"指的则是秤杆。

中国历史博物馆里面收藏着两架古老的铜制的衡器。根据考证，这两架铜制的衡器应该是公元前4世纪的时候制造出来的，距离现在应该有2400多年了。它们是在长沙附近左家公山上战国时期楚墓中出土的，属于等臂杠杆的类型，算是古老的天平。杆秤，则属于不等臂的杠杆，而且成熟的杆秤上是有两个安装吊绳的支点的。其中一根吊绳所在的支点对应的称量上限比较小，另一根吊绳所在支点对应的称量上限则会比较大。这样的杆秤，也被称为铢秤。

杆秤在中国的历史十分漫长，古人对杆秤制作也是十分严谨的。一般的，中国传统的杆秤上的最小计量单位是两，比两大的是斤。一开始的时候，一斤等于十六两，"半斤八两"这个成语就是从这里来的。将一斤改为十两，其实已经是中华人民共和国成立之后的事了。杆秤的"权"也叫作秤砣，一般是铁质的，所以也有铁秤砣之说。有句歇后语，叫作王八吃秤砣——铁了心了，就是从这里来的！

杆秤

随着时代的发展，现在的生活之中基本已经很少能够见到杆秤了，但是，在一个地方还是能够见到类似于杆秤的东西的，那就是中药店里。不过，中药店里所用的杆秤有一个专门的名称，叫作戥（děng）子。戥子学名戥秤，是北宋的刘承珪（据传）发明的一种专门用来称量金、银、贵重药品和香料的精密衡器。戥子的构造和原理跟杆秤相同，盛放物体的部分是一个小盘子，不过它的最大单位是两，小到分或厘，讲究的就是一个精细，也被称为等子。

戥子

　　中国古人发明的杆秤足以说明一件事情，那就是古人在实践之中其实早就知道了所谓的阿基米德杠杆原理，只不过没有用像现在物理学中杠杆原理那样标准的语言去描述而已。但是，在《墨经》这本书之中，关于杠杆的实验探讨，其实在一定程度上已经足以证明古人对杠杆原理的认识真的是很深刻了。

　　《墨经》之中把我们今天杠杆原理之中所说的动力臂与阻力臂分别称为"标"和"本"，把动力和阻力则分别称为"权"和"重"。在《墨经》之中，已经认识到杠杆的平衡并不仅仅是两边的力的相等，也就是"权"和"重"的相若，还必须考虑到"标"和"本"之间的变化关系。比如，书中就说到如果杠杆的"标"和"本"相等的情况下，如果"权"小于"重"，要想保持杠杆的平衡就必须移动支点的位置，让"本短标长"。显然，这样做的目的就是为了实现动力与动力臂的乘积等于阻力与阻力臂的乘积这个杠杆平衡条件。

　　杠杆原理的另外一类应用则是体现在"滑车"这种简单机械上。不过，我国古代所谓的"滑车"一般指的可能是两种东西，一种是滑轮，一种是轮轴。

滑轮的出现绝对不会晚于汉朝，在成都出土的汉代画像砖上就有关于滑轮装置的内容，是被用在了盐井的上面。后来，人们又在成都市的一处考古地点出土了一个定滑轮实物，当时这个定滑轮是被安置在一个陶井上部的铜井架上，这一点与画像砖上的记载是十分吻合的。不过，据说更早的滑轮应该是出现春秋时期，当时公输般（鲁班）为了帮助别人安葬亲人，

陶井

特别制造了一个能够转动的机关，里面就出现了定滑轮。宋应星的《天工开物》这本书中，有很多的插图里面都有滑轮装置的出现，这说明到了明朝的时候，滑轮装置已经成了一种很普遍的东西。

辘轳和井

轮轴在我国古代也是很常见的一种简单机械，其中最常见的就是水井或者矿井上面用来帮助提水或者其他重物的辘轳。不过，据说辘轳的发明者是3000多年前周朝的使官"史佚"，在一本叫作《物原》的书中，有着这样的一句记载"史佚始作辘轳"。只是，因为涉及文言文的翻译问题，这句话是不是也可以理解成"历史上已经不清楚是谁第一个制作辘轳的了"？毕竟在一些文章不清楚作者是谁的时候，往往会有"佚名"这个词来代替，就是不知道姓名的意思。如果真的是这样的话，那说明我国使用辘轳的历史更加悠久，虽然不知道到底是谁发明了它。

辘轳又分为单辘轳和双辘轳。单辘轳其实与滑轮并没有太大的区别，只是多了一个用来进行转动操作的把手。双辘轳则有两个把手，使用的时候可以两个人同时摇动，最关键的是可以同时操控两根绳子，一根负责向上提水，一根则同时将另一个空桶放下去。当然，这个在技术上并没有太大的难度，只不过是两根绳子在辘轳上面环绕的方向不一样就可以了。但是，不得不承认的是，从单辘轳到双辘轳，依然是一种技术上的进步。

双辘轳

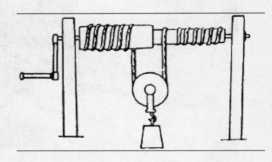

古代的较差式绞车示意图

在辘轳的基础上，经过变形或者升级之后，又出现了一种叫作绞车的机械。绞车一般是用来提升大型的重物的，比如在古代的船闸处往往会安置绞车，目的就是为了在必要的时候牵引船只过闸。较差式绞车是最常见的一种绞车，本质上它依然属于轮轴，相当于是将两个直径不同的辘轳组合在了一起，下面还使用了一个动滑轮。这个东西在国外还是很有名气的，外国人直接把它们称为"中国绞车"，至于到底是谁发明的，还是一个谜。但可以肯定的是，绞车的出现绝对离不开实践中的那些能工巧匠们，折射的也是中国古人的创造智慧。古人的智慧，不仅于此，宋朝的时候，人们已经在捕鱼的过程中开始使用复式滑车，就是把两个滑车结合起来，目的自然就是为了省力。

水排与水击面罗

水排

排，最早的时候其实就是一种鼓风器，与风箱差不多的东西。唐朝的李贤在为《后汉书》做注的时候，曾经提到那些打铁制作工具的人往往"以排吹炭"，其实就是用"排"这种东西向"炭"上鼓风。开始的时候，推动"排"是靠着人力或者动物，后来逐渐地发展到了用源源不断的水力作为动力的来源，于是就形成了所谓的"水排"。所以，所谓的水排，应该说就是用水作为动力的鼓风器。因为要实现用水作为动力的目的，所以水排的设计会稍微复杂一些，一端要承受水的冲力以获得源源不断的动力，另一端则需要跟鼓风器链接，将获得的动力传递过去，实现推动鼓风器不断鼓风的目的。"水排"的出现与马诗这个人有关，是他创造了利用水力鼓风铸铁的机械水排，这个水排是中国古代的一项伟大的发明，是机械工程史上的一大发明，早于欧洲1000多年。

关于水排的记载，流传下来的文献并不是很多，元代王桢写的《农

水磨

书》中倒是有些记载，主要涉及了两种水排的结构：立轮式和卧轮式。

罗，是一种类似于筛子的东西，网眼比筛子要密很多，所以主要用来筛面粉用。水击面罗，其实就是一种用水来作为动力的罗，它是水排发明之后又一种采用水力作为动力来源的机械装置。"水击面罗"的机械构造比水磨要复杂很多，工作机理设计也更加精妙，所以堪称是我国古代农业水力机械中的佼佼者。

水击面罗

春雷声殷雪成围，收拾罗床别有机。
才得水轮轻借力，方池匀受玉尘飞。

水碓

水转连磨

这是王桢以《水击面罗》为题做的一首诗，不得不说，王桢的这首诗对水击面罗的描写还是非常生动到位的。王桢，作为《农书》的作者，对于水击面罗这样一件重要的农业机械自然是兴趣极大的，他在《农书》之中就有关于水击面罗的记载。

其实，以水力作为动力来源的机械，在我国古代确实不少，除了上面提到的水排、水击面罗之外，还有水磨、水碾、水转连磨、水转大纺车等等。不得不说，老祖宗在水力应用方面，还是非常有智慧的。

赋予了神话色彩的指南车

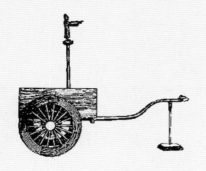

指南车

指南车，又称司南车，是中国古代用来指示方向的一种装置。指南车虽然也具有指南功能，但是它和指南针的原理却是不一样的，它并不是利用地磁效应，因为它本身就用不到磁性。指南车是利用齿轮传动来指明方向的一种简单机械装置。

指南车起源的具体时代已经无法考证，它不仅是一种指示方向的装置，也是一种帝王的仪仗车辆。指南车出现的时间应该是比较早的，关于它的发明者可有不少的说法，甚至能够追溯到三皇五帝的时代。传说，说黄帝与蚩尤作战时，蚩尤作大雾，黄帝造指南车为士兵领路。当然，黄帝造指南车的事情只是一个传说。一些古籍上认为是周武王的弟弟周公发明了指南车的说法，也只能姑且听一听而已。

另外的两种说法，一者认为东汉时期的张衡，一者认为是三国时期的马均，似乎都有很大的可能性。但是，从各种古籍上的记载还可以看出，由于指南车的特殊地位与特殊作用，一般一个朝代灭亡的时候，都会把属于这个朝代特有的指南车给毁掉，新的朝代出现之后，他们再根据自己的理解重新制造。这种屡废屡制的局面，直接造成历史上研制过指南车的人相当多。就目前知道的，清晰地出现在各种典籍记

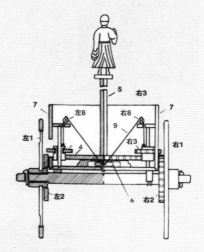

1.足轮 2.立轮 3.小平轮 4.中心大平轮
5.贯心立轴 6.车辕 7.车厢 8.滑轮 9.拉索

指南车后视图

载中的，就有十五人之多。这些人所研制的指南车虽然外形相差不大，但是内部结构却各不相同，甚至可能大有出入。

造型各异的指南车

指南车的实际应用价值其实并不是很大，它的存在主要是作为一种皇家的仪仗。从元朝开始，它也就从皇家仪仗之中"退役"了。从此之后，指南车也就失传了。一直到 19 世纪，一些外国机械专家才开始再次尝试复制指南车。

不过，指南车在国际上的影响还是很大的，英国的李约瑟曾经说过：指南车"可以说是人类历史上迈向控制机器的第一步"，是"人类历史上第一架体内稳定机"。

记里鼓车

记里鼓车，又称记里车、大章车，中国古代用来记录行走距离的一种机械，它的构造与指南车差不多，车分上下两层，每一层上都有木头人，手里拿着木槌，下层的木头人负责打鼓，车子每行过一里路，它就会敲鼓一下，上层的木头人负责敲打铃铛，车子每走过十里远，它敲打铃铛一次。

记里鼓车的发明者到底是谁，现在已经无法考证了。不过，肯定的是，记里鼓车出现的历史还是很悠久的。晋惠帝（259—306）的太傅崔豹所写的《古今注》这本书中，就非常清晰

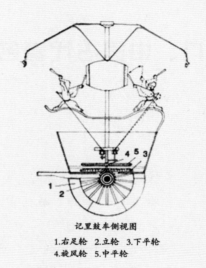

记里鼓车侧视图
1.右足轮 2.立轮 3.下平轮
4.旋风轮 5.中平轮

记里鼓车剖面图

地记录了记里鼓车，只不过书中将其称为"大章车"。记里鼓车是古代皇帝出巡的时候，仪仗车驾必须有的一种典礼车，要用四匹马拉，而且排在指南车之后，占据了第二的位置。

1936年的时候，当时的北平研究院研究员王振铎根据古代文献记载，复原出了一架汉代的记里鼓车。现在，这个模型保存在中国国家博物馆里面，从这件复原品上，我们不难看出我国古代先辈的聪明智慧。

八、中国古代著名的科学家

严格地说，至少明清以前，中国似乎并没有纯粹的物理学家，但是，科学家却是有不少的，而且这些古代科学家差不多都有一个共同的特点——涉及的研究领域十分广泛，没有严格的分科，科学与技术相互交织在一起。关于物理学的诸多发现、发明以及相关的经验性应用，基本都是散见在他们的传世著作之中。

平民哲学家——墨子

墨子，名翟，春秋末期战国初期人。中国古代思想家、教育家、科学家、军事家，墨家学派创始人和主要代表人物。墨子的出生时间有两种不同的说法，一种是认为他出生于大约公元前480年，一种是认为他出生在公元前476年，两者差了大约4年的时间。墨子的祖先可以追溯到商朝，算是殷商的王室，只是到了墨子的时候，他已经只拥有一个平民的身份了，所以墨子也成了我国历史上唯一的一个农民出身的哲学家。

墨子纪念邮票

作为一个平民，墨子小时候做过牧童，还学过木工，所以墨子后来在机械制作方面非常了得，墨家学派也以善于制作各种机械闻名。不过，毕竟墨子的祖上曾经是贵族，虽然没落了，但是一些传统还是被保留了下来的，所以墨子自然也在小时候接受了不少的文化教育。根据《史记》记载，墨子后来是做过宋国的大夫。

墨子和他的学生们

墨子是一个很好学的人，他穿着草鞋，靠着步行到处去游学。据说，一开始的时候墨子是学习儒学的，对很多儒家的典籍都有涉猎。但是，随着接触的深入，墨子对儒家的学说产生了不满，最终彻底舍弃了儒学，开始创立自己的学说。墨子在各地讲学，抨击儒家学说和诸侯国的暴政，随着时间的推移，追随墨子的人越来越多，最后一个新的学派形成了，这就是以手工业者和下层人士为主体的墨家学派。

墨家学派的观点是宣扬仁政，在一段时间内影响极大。不过，遗憾的是，墨子的观点并没有能够得到诸侯国上层的认可，墨子的政治抱负并没有能够实现。

墨子死后，墨家弟子根据墨子生平事迹的史料，收集其语录，编成了《墨子》一书，是墨子的弟子及其再传弟子对墨子言行的记录。《墨子》内容广博，包括了政治、军事、哲学、伦理、逻辑、科技等方面。此书分两大部分：一部分是记载墨子言行，阐述墨子思想，主要反映了前期墨家的思想；另一部分《经上》《经下》《经说上》《经说下》《大取》《小取》等6篇，一般称作墨辩或墨经，着重阐述墨家的认识论和逻辑思想，还包含许多自然科学的内容，反映了后期墨家的思想。

《墨子》

墨经之中关于物理学的内容涉及力

学、光学、声学等分支，给出了不少物理学概念的定义，并有不少重大的发现，总结出了一些重要的物理学定理。

墨守成规

　　战国时期，有一回，楚国准备攻打宋国，鲁班给楚国专门设计制造了一种用于攻城的器械——云梯。这个时候，墨子正在齐国访学，听到消息之后，他急忙前往楚国进行劝阻。到了楚国的都城郢都之后，墨子首先找到了鲁班，然后和鲁班一起去拜见楚王。墨子的目的，自然就是要说服楚王和鲁班别去攻打宋国。这就是著名的"墨子救宋"的故事，从这个故事里衍化出的一个成语，就是墨守成规。

墨子与鲁班推演攻城之战

　　墨子一番言辞，终于让楚王同意不再攻打宋国，但是楚王和鲁班又都特别想在实战中试试云梯的威力。于是，当着两人的面，墨子用自己的腰带围作城墙，用木片当作武器，让鲁班和他分别代表攻守两方进行模拟对抗。鲁班采用了不同的方法攻城，每一次，墨子都会采取有效的手段加以破解。鲁班攻城的手段终于使尽，但墨子守城的手段还绰绰有余。

　　这个时候，鲁班依然不肯认输，说自己还有一个办法能够对付墨子，但是不说。墨子微微一笑地说他知道鲁班要怎样对付自己，但是他也不说。两人打哑谜，一边的楚王却有点晕菜了，只好开口到底怎么回事。墨子说鲁班的意思是想杀了自己，只要杀了自己，就没有人帮宋国守城了。但是，墨子却安排了大约三百门徒早早地守在了宋国，等着楚国去攻打。楚王发现一点希望都没有了，终于下定决心不攻打宋国了。

唯物主义思想家王充与《论衡》

王充画像

王充（27—约97），字仲任，东汉时期会稽上虞（今属浙江）人。我国历史上著名的思想家、文学批评家。

王充从小就很聪明好学，博览群书，而且十分擅长辩论。不过，王充的家庭并不是很富足，尤其是11岁的时候，他父亲去世，家境更是受到了很大的影响。

公元54年，27岁的王充离开家乡来到京师洛阳就读于太学，拜在了班彪的门下。在洛阳求学期间，因为家里贫困，王充没有钱买书，只能经常到洛阳的各个卖书的地方蹭书读，因为如此，他也练就了一身过目不忘的本领。同时，借着这样的机会，王充也接触到了各种流派的学说，这为他日后相关思想的形成奠定了良好的基础。

王充曾做过郡功曹这样的小官，但是因政治主张与上司不合，所以很快就被贬黜了。后来，他干脆选择了回乡隐居，著书立说。这个时间大约是公元59年，这段时间里，他开始了《论衡》的写作。王充喜好论辩，粗略地一听，他的观点似乎有点诡辩的意思，但是仔细思考就会发现他的那些观点都是很有道理的。

公元86年，为了避难，王充搬迁到了扬州，先后经过了丹阳、九江、庐江等地方。到了扬州之后，他被当时的州刺史董勤聘任做了从事。公

王充著述

元 88 年，王充主动辞去从事的官位，再次选择了回家著书立说。后来，他的朋友又把他推荐给了当时的皇帝，但是王充以身体有病为理由进行了推辞。

王充的朋友谢夷吾对他还是非常推崇的，谢夷吾在向皇帝推荐王充的时候是这样说的："充之天才，非学所加。虽前世孟轲、孙卿；近世扬雄、刘向、司马迁，不通过也。"

公元 97 年，王充正好 70 岁，因病在家中去世。

王充是我国历史上一位杰出的思想家，最重要的是他的相关思想之中具有明显的唯物主义的色彩，这在我国古代众多的思想家之中确实是难能可贵、独树一帜的。王充的思想与物理学的关系，主要就是他的思想之中涉及世界的物质性特点。在王充看来，构成整个世界的是一种叫作"元气"的东西，无论是人，还是其他的万事万物，都是由"气"构成的，因为"气"的运动导致了万事万物的不断变化。从某种角度来看，王充的这种观点，的确具有朴素的元素论的特点。

《论衡》是王充的代表作品，也是中国历史上一部不朽的无神论著

《论衡》

作，被称作"疾虚妄古之实论，讥世俗汉之异书"。《论衡》共八十五篇，是王充用了三十年心血才完成的。

王充写《论衡》这本书，是有着特殊的社会历史背景的。当时，是我国的东汉时期，儒家的思想已经在人们的思想领域占据了支配地位。但是，这个时候的儒家思想又跟春秋战国时期刚开始出现的儒家思想不一样了，带有了太多的神秘主义的成分，将儒学变成了儒术。王充写作《论衡》的目的，就是为了批评这种带有神秘主义色彩的儒术。

比如，王充在书中驳斥了雷电杀人是上天惩罚有罪之人的荒谬观点。王充认为，雷电其实只不过是自然现象，是自然界里面的一种阳气与一种阴气相互作用（分争激射）的结果。不得不承认，王充虽然没有做过什么物理实验，但是他关于雷电成因的这种认识却是非常有道理的，他的阳气与阴气相互作用的看法，与正负电荷相遇的放电本质，可以说是有着异曲同工之妙。

再比如，他针对潮汐现象是鬼神驱使而生的迷信说法，大胆地提出潮汐现象其实应该是与月亮阴晴圆缺有着一定关系的。

《论衡》书影

王充的思想，代表着当时人们要求从实际出发、探索自然界发展规律的社会要求。王充在《论衡》之中涉及的知识包罗万象，包括天文、物理（力、声、热、电、磁等知识）、生物、医学、冶金等领域，这既反映了王充本人有着渊博的科学技术知识，又反映了当时社会的科学技术发展水平。

第一部军事百科全书的编著者——曾公亮

曾公亮蜡像

曾公亮（999—1078），是北宋时期泉州晋江县（现在的福建省晋江市）人，字明仲，号乐正。曾公亮的父亲是当时的刑部郎中，叫曾会，曾公亮是他的第二个儿子，小时候就很有志向。

1022年，23岁的曾公亮被他的父亲派去祝贺新皇帝宋仁宗登基，宋仁宗很高兴，就准备赏给他一个官，结果从小就很有志向的曾公亮觉得这不是他通过努力得到，所以就拒绝了。两年之后，曾公亮就通过自己努力考中了进士，当上了越州会稽县的知县。1051年的时候，曾公亮就做到了相当于副宰相的参知政事。1061年，他又做到了相当于宰相的同中书门下平章事。曾公亮为官多年，非常熟悉朝廷的各种规章制度，当时的首相韩琦都会经常向他请教规章制度方面的事情。

1069年，曾公亮获得了鲁国公的爵位。1070年，已经71岁的曾公亮主动要求辞去宰相的职位，因为他觉得自己的年龄实在太大了。但是，到了1071年的时候，朝廷又启用了他，委以重任。

当时，曾公亮所在的地方是西安，附近的地方刚刚经历了叛乱。长安的豪强喜欢制造谣言，声称士兵埋怨削减费用，打算在元

曾公亮画像

宵节的晚上勾结其他军队发动叛乱，长安的官民十分恐慌。但是，在元宵节的晚上曾公亮依然如过去一样出来赏灯会友，和客人们一起直到很晚才回来。

1078年，曾公亮去世，此时他已经虚岁80。

　　曾公亮与丁度主编的《武经总要》，是中国第一部规模宏大的由官方主持编修的综合性军事著作。当时，宋朝的第四位皇帝宋仁宗赵祯为了防止朝廷武备松懈、将帅们不知道古今的经典战史和兵法，专门安排人编撰了一部内容十分丰富、涉及面很宽的军事教科书。曾公亮是两位主要负责人之一，前后一共花了五年的时间，成功完成了这部《武经总要》。书中花了很大的篇幅用来介绍武器的制造，对古代中国军事史、科学技术史的研究也是很有价值的。

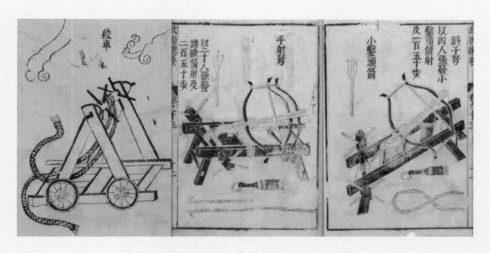

《武经总要》插图

　　《武经总要》分前、后两集，每集20卷。前集的20卷详细反映了北宋的军事制度，后集20卷辑录有历代用兵故事，保存了不少古代战例资料。《武经总要》的前卷之中有专门的篇章是介绍各种冷兵器、火器、战船等器械的，其中不仅有这些器械的用途，还包括了它们的制造过程。这些器械的制造过程，就包含了很多物理学方面的知识。

　　比如，里面有关于弓和弩的专门介绍。《武经总要》里记录了4种弓：黄桦弓、黑漆弓、白桦弓、麻背弓。从所附图像看，它们都是复合弓。记录的弩则有6种：黑漆弩、雌黄桦梢弩、白桦弩、黄桦弩、跳镫弩、木弩。与弓和弩配套的箭则有：点钢箭、铁骨丽锥箭、木扑头箭、三停箭、

飞羽箭。

　　弓和弩涉及的首先就是对弹性的认识和对弹力的利用。各种箭支的使用，又不可避免地触及压强的知识。虽然，这里很多的内容都是工匠们经验的积累，并没有能够上升到理论的程度。但是，从大量的事实之中足可以看到古人的物理智慧。

　　此外，北宋时期，步兵的远射兵器除了一般的弓弩以外，还进一步发展了两种重型远射兵器，即利用复合弓的床弩和原始的炮。

　　床弩，又称床子弩，它是在唐代绞车弩的基础上发展而来的。是将两张或三张弓结合在一起，大大加强了弩的张力和强度。《武经总要》里记录的这种使用复合弓的床弩有八种，可以依弩的强弱和射程分为两类。一类是双弓床子弩，另一类是三弓床弩。

抛石机

　　《武经总要》里面提到的炮，严格地说其实就是抛石机。抛石机是利用杠杆的原理制造的。把一根长长的炮梢，也就是巨大的杠杆装在可以转动的横轴上，再把横轴架在用粗大的木材构成的炮架上。在炮梢的一端用绳索连着一个用来兜装石弹的皮窝，另一端系上几十根长长的拽索。发射的时候，由一个战士负责把石弹安置在皮窝里，另外几十个战士猛地拽动拽索，梢杆一下子反转过来，把安在皮窝中的石弹抛射出去。

指南鱼

此外，在《武经总要》之中，曾公亮还记录了指南鱼的制作方法，显然，指南鱼这种指向器具在行军过程中也是很重要的东西，也算是一种军用设备。另外，在介绍有关守城的内容时，书中还介绍了地听器的相关内容，属于古代声学在军事方面的应用！

总而言之，《武经总要》这本书，不仅是一部内容丰富的军事教材，也是一部包含了很多科技内容的重要古籍，对于了解我国古代物理学知识的实践应用情况是很有参考价值的。

沈括与《梦溪笔谈》

沈括（1031—1095），字存中，号梦溪丈人，北宋政治家、科学家。1031 年，沈括出生在杭州钱塘的一个官宦家庭，他的祖父、伯父、父亲都是宋朝的官员。

沈括自幼勤奋好学，14 岁就读完了家里的藏书。因为他的父亲到过不

沈括像

同的地方做官，所以他也就跟随父亲到过泉州、润州、简州和汴京等很多地方，借此机会接触了社会，增长了见识，这个过程中他表现出了对大自然强烈的兴趣和敏锐的观察力。

1050年，因为他的父亲到明州（今浙江宁波）这个地方担任知州，沈括就暂时寄居在了苏州的舅舅家中。他的舅舅家中也有很多藏书，沈括从舅舅的著作和藏书之中得到了很多知识，渐渐对军事产生了兴趣。

1063年，沈括考中了进士，先后担任过提举司天监、史馆检讨等职务。1075年九月，沈括开始担任管理军器监的官员，负责兵器的铸造与储备。在此期间，沈括对弓做了很深的研究，提出"弓有六善"的观点，并建议大批制造"神臂弓"。沈括对于军器监的管理也是很有一套的，到了第二年五月的时候，军器监的兵器产量就提高了十几倍。

沈括纪念邮票

1075年三月，宋辽两国发生了边界冲突，辽要求以黄嵬山为分界线，宋不同意。双方就此问题展开谈判，但是一直没有能够取得实质性的进展。这种情况下，沈括就到枢密院查阅以前的档案文件，找到了很多有价值的档案资料。六月中旬，沈括带着找到的档案材料，参与到了谈判之中。在随后的六次谈判中，每一次沈括都依据充分的档案材料，据理力争，让辽国的方面的负责人无言可对。最后，在沈括等人的力争下，对方最终有所退让，紧张的宋辽关系得以暂时缓解。

1080年，他到延州这个地方担任知州，同时还兼任了鄜延路经略安抚使，驻守边境，抵御西夏。

晚年的时候，沈括移居到了润州（今江苏镇江）这个地方，隐居在梦溪园里开始全身心地投入《梦溪笔谈》的创作之中。1095年，沈括因病辞世，享年65岁。

《梦溪笔谈》

　　《梦溪笔谈》是一部涉及古代中国自然科学、工艺技术及社会历史现象的综合性笔记体著作。英国科学史家李约瑟评价这本书是"中国科学史上的里程碑"。

　　《梦溪笔谈》成书于 11 世纪末，一般认为是 1086 年至 1093 年间。书名《梦溪笔谈》，则是沈括晚年归退后，在润州（今镇江）卜居处"梦溪园"的园名。全书一共分 30 卷，内容涉及天文、数学、物理、化学、生物等各个学科门类。书中的自然科学部分，总结了中国古代、特别是北宋时期的科学成就。

　　《梦溪笔谈》中涉及光学、磁学、声学等物理学知识的记述有 10 多条。

　　光学方面，沈括通过观察、实验，对小孔成像、凹面镜成像等原理作了准确而生动的描述，他用"碍"（焦点）的概念，指出了光的直线传播、凹面镜成像的规律。

　　沈括还对平面镜、凹面镜、凸面镜等镜面成像的不同进行研究，注意到表面曲率不同与成像之间的关系，并以此对"古人铸鉴"时正确处理镜面凹凸与成像大小的关系进行了研究与分析，提出若将小平面镜磨凸，就可"全纳人面"。

　　沈括还对透光铜镜的原理作出了正确推论，推动了后世对"透光镜"的研究。此外，沈括还第一次记录了"红光验尸"的内容，是中国关于

滤光应用的最早记载，至今还有现实意义。

磁学方面，沈括记录了人工磁化的方法，并用人工磁化针来做实验，对指南针进行深入研究。沈括比较了指南针的四种装置方法：水浮法、碗沿法、指甲法和悬丝法，指出悬丝法最优，并做了相应的分析。

磁偏角指地球表面任一点的地磁子午线与地理子午线的夹角，即磁针静止时，所指的北方与真正北方的夹角。沈括在世界上最早经实验证明了磁针"能指南，然常微偏东"，即地磁的南北极与地理的南北极并不完全重合，存在磁偏角。这比哥伦布横渡大西洋时发现磁偏角现象早了400多年。

声学方面，沈括通过对声学现象的观察，注意到音调的高低由振动频率决定，并记录下了声音的共鸣现象。他还用纸人来放大琴弦上的共振，形象地说明了应弦共振现象，这比诺布尔和皮戈特的琴弦上纸游码试验早了500年。

沈括还提出了"虚能纳声"的空穴效应，以此来解释兵士用皮革箭袋作枕头，可以听到数里外人马声的原因。此外，沈括还记录并深入分析了制钟的声学问题。

创新人才朱载堉与十二平均律

朱载堉，1536年出生在河南省怀庆府河内县，他是明太祖朱元璋的八世孙，明朝藩王郑王的第五代世子。他的父亲郑恭王朱厚烷是一位能书善文、精通音律乐谱的人。在父亲的影响和熏陶下，朱载堉从小就喜欢上了音乐、数学，聪明过人而且十分好学。

朱载堉纪念馆前的雕像

10 岁的时候，朱载堉就可以攻读《尚书盘庚》等史书典籍。同时，他还在这个时候被封为世子，成为郑王的继承人。后来，他又跟随外舅祖何瑭学习天文、算术等学问。

15 岁那年，朱载堉的父亲因为为人刚直，蒙冤被囚禁。为了表示对父亲蒙冤获罪的不满，作为世子的朱载堉独自在王府外面盖了一个土房子，独自生活了整整 19 年，一直到 1567 年他的父亲被赦免无罪，才愿意搬回王府之中。

1591 年，朱载堉的父亲去世，作为世子的他本来是可以继承王位的。但是，这个时候他却上书皇帝，甘愿主动放弃王位的继承。前前后后，朱载堉一共上书了 7 次，经历了 15 年的时间才最终得到皇帝的同意。

让出了王位之后，朱载堉专心于音律和数学研究，取得了辉煌的成就，共完成了《乐律全书》《律吕正论》《律吕质疑辨惑》《嘉量算经》《律吕精义》《律历融通》《算学新说》《瑟谱》等音律和数学方面的多种著作。

朱载堉与十二平均律

朱载堉是一位百科全书式的学者，他是乐律学家、音乐家、乐器制造家、舞学家、数学家、物理学家、天文历法学家。朱载堉的成就震撼世界，中外学者尊崇他为"东方文艺复兴式的圣人"。

1611 年，朱载堉病逝，终年 76 岁。

朱载堉在音律方面的最大贡献就是创建了十二平均律。此理论被广泛应用在世界各国的键盘乐器上，包括钢琴，所以，朱载堉也被称为"钢琴理论的鼻祖"。

朱载堉发现十二等程律，不仅其意义重大，而且是多方面的。首先，它本身就具有划时代的意义，中外学者对朱载堉的十二等程律均有很高的评价。

中国著名的律学专家黄翔鹏先生说："十二平均律不是一个单项的科研成果，而是涉及古代计量科学、数学、物理学中的音乐声学，纵贯中国乐律学史，旁及天文历算并密切相关于音乐艺术实践的、博大精深的成果。"十二平均律是音乐学和音乐物理学的一大革命，也是世界科学史上的一大发明。

英国著名科学史家李约瑟曾这样评价："朱载堉对人类的贡献是发明了将音阶调谐为相等音程的数学方法。"

其次，是朱载堉发现十二等程律过程中的创新精神。从朱载堉创造十二等程律的过程中，我们看到了其十二等程律并不是简单地对中国古代音乐的"三分损益律"和"纯律"进行改进处理，而是看到了其根本缺陷后，另辟蹊径才创造出了划时代的十二等程律。

宋应星与《天工开物》

宋应星（1587—1666），字长庚，明朝江西人，著名的科学家。宋应星小时候非常聪颖，记忆力特别强。他和哥哥宋应升以及几个叔伯兄弟同在叔父宋国祚的家塾里读书。有一次，老师规定，第二天早晨每个

宋应星纪念邮票

孩子要熟读七篇新文章。宋应星年幼贪睡，早早就睡了。他的哥哥晚上读得很晚，早晨又起得很早，一遍一遍地朗读。到学校之后，老师问大家读熟了没有，大家都回答读熟了。

老师不放心，抽查了几个孩子。老师听说宋应星睡得早起得晚时，便责怪了他几句。谁知宋应星还很不服气，坚持说自己已经会了。后来，老师一检查，他果然都会了。于是，老师就问他是怎么回事？宋应星告诉老师原来是因为自己的哥哥在早上读书的时候，他都听到了，听了几遍之后，也就记住了。

《典籍里的中国》剧照

随着年龄的增长，宋应星逐渐懂得了勤学的可贵，对学问也开始孜

孜不倦起来。宋应星的兴趣十分广泛，哲学、地理、数学、技艺等等，无所不读，而且读书认真，钻研起问题来十分细心，这些都为他后来取得出色的成就打下了坚实的基础。

后来，他考入奉新县县学，成为一名为庠生。在县学之中，宋应星在熟读经史及诸子百家的同时，受到了北宋张载的影响，从张载的相关著作之中接受了唯物主义自然观。期间，他对天文学、声学、农学及工艺制造之学都表现出了极大的兴趣，还熟读过李时珍的《本草纲目》等书籍。

1615年，宋应星到南昌参加乡试。在一万多名考生中，29岁的宋应星考取全省第三名举人，成绩非常优秀。这一年的秋天，宋应星到北京参加会试，但遗憾的是没有考中。后来，宋应星又参加了多次会试，但是都没有成功，于是便绝了科举之念。

宋应星的哥哥宋应升，1631年的时候，宋应升被任命为浙江桐乡县（今桐乡市）的县令。这种情况下，宋应星单独回到老家，伺候自己的老母亲。四年之后，宋应星到江西省的分宜县担任县学教谕。教谕，在当时算是一种不入流的教职人员，教授的对象是那些还没有参加科考的生员。宋应星在这里一干就是整整四年的时间，不过，这四年却正是他一生中非常重要的阶段，他的主要著作就是在这个时期完成的。

宋应星博学多才，教导学生有方，注意培养他们获得真才实学，从而得到了人们的敬重，也得到了上司的好评。1638年，宋应星在分宜任职期满的时候，因为考核的结果是优等，被提拔为福建汀州府推官，推官的品阶也不高，只有正八品。两年之后，任期没有满的情况下，宋应星就辞官不干了！

1643年，宋应星终于担任了正五品的知州，但是，这个时候距离明朝灭亡已经不远，宋应星上任的时候连办公的地方都没有。无奈之下，宋应星一年之后就再次辞官，回到了奉新。当年的三月，李自成率领农民军占领了北京城，明朝灭亡。

1646年，宋应星的哥哥宋应升自杀殉国。从此，宋应星就过上了隐居的生活，拒绝在清朝当官。

1666年，80岁高龄的宋应星在贫困之中离开人世间。

宋应星的主要贡献是把中国几千年来出现过的农业生产和手工业生产方面的知识做了一个系统性的梳理，对技术经验做了总结性的概括，使它们能够流传下来。宋应星不只是一般地记述生产过程，他在调查研究的基础上，还提出了不少科学见解。

《天工开物》书影

《天工开物》是中国古代一部综合性科技著作，是世界第一部百科类图书，被欧洲学者称为"17世纪的工艺百科全书"。全书分为上、中、下三篇共18卷，描绘了130多项生产技术和工具的名称、形状、工序，包括种植、纺织、熬盐、制糖、制陶、冶铸、制造车船、造纸、采矿、兵器、酿酒等数十个行业领域。

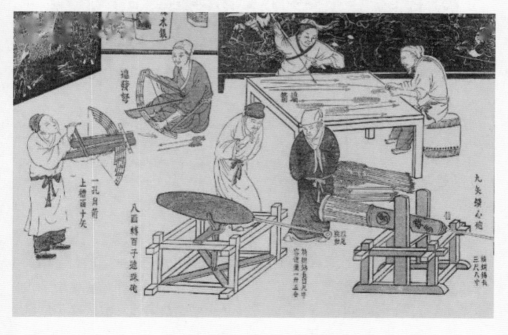

《天工开物》里面的内容剪影

　　书中有一篇是专门关于声学方面的，叫作《论气·气声》篇。这里面，宋应星通过对各种音响的具体分析，研究了声音的发生和传播规律，还提出了声是气波的概念。

　　《天工开物》问世到现在已经300多年了，现代科学技术比那时候有了飞跃的发展，但宋应星的这部不朽著作，却永远留存在世界的知识宝库之中，它的历史光辉是永远不会被磨灭的。

《典籍里的中国》剧照——宋应星（左，李光洁饰）与袁隆平（右，陶海饰）跨越时空的握手

方以智与《物理小识》

　　方以智（1611—1671），明末清初安徽桐城人，字密之，号曼公，别号药地、浮山愚者、愚者大师、极丸老人等。方以智出生在官宦世家，从小受到了很好的儒家学说的熏陶。此外，他还跟随父亲游览了很多山川名胜，见识了京师的景象风貌，初步认识到了社会的复杂。12岁的时候，母亲去世，方以智被寄养在姑姑家中。他的姑父对他要求很严格，

就好像一个老师要求学生那样。稍微长大一些之后，方以智又向家乡的一些名儒求学拜师，学习了很多的东西，积累了渊博的知识。

到了方以智青年时期，当时社会的阶级矛盾和民主矛盾已经变得十分尖锐。面对这样的社会局面，方以智绝对走仕途，希望通过自己的努力为社会做一点事情。1640年，方以智考中了进士，并且进入了翰林院。但是，四年之后，李自成的农民军就进入了北京，方以智也因为不愿意投降而被捕入狱。后来，他逃出了北京，直接去了南京，想加入南明的朝廷，继续为朝廷出力。但是，很遗憾的是，当时的南明朝廷奸臣当道，不仅不接纳方以智，更是对方以智等原先复社的成员进行报复打击。这种情况下，方以智只能再次逃亡，一路南下去了广州，开始了颠沛流离的生活。

1671年，当时已经是清朝的康熙十年，方以智因为受到牵连被捕，在被押送到岭南的路上，不幸病死在一艘船上。

方以智是明末清初的科学家、哲学家、语言文字学家，"博涉多通，自天文、舆地、礼乐、律数、声音、文字、书画、医药、技勇之属，皆能考其源流，析其旨趣"。方以智一生著书甚多，其中《物理小识》这本书是他在自然科学方面的代表作。

《物理小识》是一部百科全书式的学术著作。这里所说的"物理"，概指世界上一切事物之理，和我们今天所说物理学之"物理"具有不一样的涵义。"识"通"志"，即记，所以《物理小识》也就是一部全面记述万事万物道理的书。

《物理小识》全书共十二卷，分为十五类，内容涉及天文、地理、物理、化学、生物、医药、农学、工艺、哲学、艺术等诸多领域。所以，虽然书名中的物理与现代意义上的物理学不是一回事，但是里面确实是记录了很多属于现代意义上的物理学知识的。所以，这本书作为我国古代的一本著名的物理学方面的著作，还是说得过去的。

《物理小识》中涉及的物理学知识，包括了很多方面，比如力学、光学、声学等。力学方面，有关于杠杆、滑轮、尖劈等简单机械的介绍；有大气压的认识、液体浮力的认识、潮汐现象的成因分析等内容；有相对性原理、动量守恒原理等动力学知识的描述；有振动相关知识的

方以智画像

介绍，等等。光学方面，著名的"光肥影瘦"之论，已经具有了光的衍射现象的雏形；借助于对阳燧的描述，很好地总结了我国古代对色散现象的认识成果。在这里，他把宝石的色散与自然界的彩虹现象进行对比观察，同时又做了向日喷水的实验，发现它们的道理是一样的，为进一步概括光的色散知识提供了必要的实验前提。声学方面，则有关于我国古代最早的吸音房间制造技术的描写。

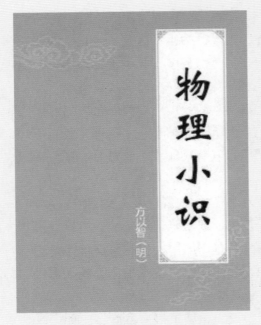

《物理小识》书影　　　　　　《物理小识》自序

　　在《物理小识》之中，方以智不仅仅是记录自然现象，还尽可能去实验验证，触及了物理学上一些基本概念和原理，为理论的进一步探讨提供了依据。

《物理小识》兼具中外知识精华，在一定程度上反映了当时的自然科学发展水平。这本书记录和总结了我国劳动人民许多先进的生产技术和经验，批判地吸取和介绍当时传入中国的一些西方科学知识，广征博引，证诸见闻，是一部具有时代特色的科学、学术成果的总汇集。